エース 土木工学シリーズ

エース
建設構造材料
[改訂新版]

西林新蔵
編著

阪田憲次
矢村　潔
井上正一
著

朝倉書店

改訂新版発刊にあたって

　初版の『エース建設構造材料』は，新たな世紀の土木構造物を建設する若き学徒の建設材料に関する知識を涵養するために執筆，編集された．

　土木学会においては，コンクリートの標準示方書を，従来の仕様基準型から性能照査型に移行した．これは，コンクリート構造物が具備すべき性能のうち特に耐久性の確保は，社会資本の効率的かつ経済的な運営といった社会・経済的観点から，さらには地球環境の維持の観点からもきわめて重要な課題であり，それに応えた土木学会の新たなコンクリートに関する憲法に相当するものであると考えることができる．

　コンクリート構造物の耐久性能は，構造物の設計に始まり，材料の選定，施工方法に至る一連の工程において影響を受けるもので，なかでも材料の影響がきわめて大きい．

　本改訂版においては，性能照査型示方書の主旨および目的にかなう建設材料について，新たな知見をも含めて改訂，加筆されたものである．

　初版と同様に，本書が学生諸君や技術者が建設材料を勉強されるうえで，いささかなりとも役立つことができれば，編・著者の非常に喜びとするところである．

　2007年2月

西林新蔵

まえがき

　今世紀，ことにここ四半世紀の間のわが国における建設技術の進歩はめざましく，世界最高の水準にまで達した．種々の構造物の中でも建設構造物は，国土建設，社会開発といった公共的色彩がきわめて強いばかりではなく，最近では国の経済の景気浮場に対する施策としての役割も決して見逃すことはできない．したがって，国の社会資本の充実といった重要な使命を帯びた構造物を構築するに際しては，構造物の質的向上，長期間にわたる機能の維持を図るためにも，それに適合した材料の選択はきわめて重要な事項となるのである．さらに，最近では地球環境の維持のために，物の使い捨てから再生利用への気運が盛んになってきており，建設材料においても決してこのことから逃れることはできない．また建設工学，ことに土木工学は地球を傷つける工学ではなく，地球蘇生工学として寄与していかなければならない．したがって，建設材料にたずさわるものは，積極的に資源の節約，再利用，さらには構造物の長寿命化の道を推し進めるための技術の開発に努めていかなければならないと考えられる．

　建設構造物に用いられる材料の種類はきわめて多く，新たに構築される構造物の材料から，それを維持管理し，さらに補修・補強するまでの間に要求される性能も多種多様である．そのため，構造物の設計施工，維持管理に従事する技術者は，建設材料に関する広い知識を持つことは言うに及ばず，常に学習して新しい知識の吸収を図らなければならない．

　編著者が執筆した「土木材料」，「新版土木材料」および「改訂新版土木材料」は，1973年以来約25年にわたって多くの大学生や高等専門学校生徒の教科書あるいは参考書として，予期せざる好評を得てきたことは編著者にとってこれに過ぎる喜びはない．「改訂新版土木材料」刊行以後12年が経過した間に，建設技術の進歩とそれに呼応した優れた材料の開発があったものの，今世紀未曾有の大災害を引き起こした阪神淡路大地震や経済不況の経験等，まさに世紀末というべき社会情勢の大変換にも遭遇した．

まえがき

　今回発刊する「エース建設構造材料」は，編著者が京都大学，鳥取大学で40年間にわたって教育・研究に従事してきた間の研究の仲間であり，建設構造材料の各分野における権威者である，岡山大学教授 阪田憲次氏，摂南大学教授 矢村 潔氏および鳥取大学教授 井上正一氏が主体となって新たに執筆されたものである．

　これまでの版同様，本書がわが国の建設界をになう若き学徒の学習にいささかなりとも役立つことができれば，編・著者にとって非常な喜びとするところである．

1999年3月

西 林 新 蔵

目　　次

1. 総　　論 ……………………………………【阪田憲次】…1
1.1 概　　説 ……………………………………………………1
1.2 建設構造材料の分類 …………………………………………1
1.3 建設構造材料に要求される性質 ………………………………2
　a. 強　　度 …………………………………………………2
　b. 応力-ひずみ線図 …………………………………………4
　c. 弾性定数 …………………………………………………6
　d. その他の力学的性質 ……………………………………7
　e. 物理的性質 ………………………………………………7
　f. 耐　久　性 ………………………………………………7
1.4 規　　格 ……………………………………………………8

2. 鉄　　鋼 ……………………………………【井上正一】…9
2.1 鉄鋼の分類 …………………………………………………9
2.2 鋼の性質に及ぼす添加五元素の影響と不純物 …………………10
2.3 鉄鋼の製造法（製銑と製鋼過程）……………………………11
　a. 鉄銑の製造（製銑）……………………………………11
　b. 製　鋼　法 ………………………………………………12
　c. 連続鋳造法（C.C法）…………………………………14
2.4 鋼の組成と変態 ……………………………………………15
2.5 鋼の熱処理 …………………………………………………17
2.6 鋼 の 性 質 …………………………………………………17
　a. 鋼の物理的性質 …………………………………………17
　b. 鋼の機械的性質 …………………………………………17

2.7 鋼材 …………………………………………………20
   a. 鋼材の種類 ……………………………………20
   b. 構造用鋼材 ……………………………………21
2.8 高炉の進化と鋼の高性能化 ……………………26
   a. 高炉の進化 ……………………………………26
   b. 鋼の高性能化 …………………………………26
2.9 鋼の防錆法 ………………………………………28
   a. 非鉄金属による表面被覆 ……………………28
   b. 電気化学的防食工法 …………………………28

3. セ メ ン ト ……………………………【矢村　潔】…31

3.1 セメントの歴史 …………………………………31
3.2 ポルトランドセメントの製造 …………………32
   a. 原 材 料 ………………………………………32
   b. 製 造 工 程 ……………………………………32
3.3 ポルトランドセメントの組成および化学成分 …33
3.4 ポルトランドセメントの一般的性質 …………34
   a. 水和および水和熱 ……………………………34
   b. 凝結・硬化および強度 ………………………35
   c. 収　　縮 ………………………………………36
   d. セメントの風化 ………………………………36
3.5 セメントの種類とその特徴 ……………………36
   a. ポルトランドセメント ………………………36
   b. 混合セメント …………………………………38
   c. 特殊セメント …………………………………39
3.6 セメントの物理的性質 …………………………41
   a. 密　　度 ………………………………………41
   b. 粉 末 度 ………………………………………44
   c. 凝 結 時 間 ……………………………………44

d．安　定　性……………………………………………………44
　　　e．強　　　　さ……………………………………………………44

4．混　和　材　料……………………………………【矢村　潔】…46

　4.1　概　　　説 ……………………………………………………46
　4.2　混　和　材 ……………………………………………………46
　　　a．フライアッシュ…………………………………………………46
　　　b．高炉スラグ微粉末………………………………………………48
　　　c．シリカフューム…………………………………………………48
　　　d．膨　張　材………………………………………………………48
　　　e．その他の混和材…………………………………………………48
　4.3　混　和　剤 ……………………………………………………49
　　　a．AE　　剤………………………………………………………49
　　　b．減水剤・AE 減水剤……………………………………………49
　　　c．高性能減水剤・高性能 AE 減水剤……………………………50
　　　d．遅延剤・促進材・急結剤………………………………………50
　　　e．分離低減剤・増粘剤……………………………………………51
　　　f．収縮低減剤………………………………………………………51
　　　g．防せい（錆）剤…………………………………………………51
　　　h．その他の混和剤…………………………………………………52

5．骨　　　　材………………………………………【矢村　潔】…53

　5.1　概　　　説 ……………………………………………………53
　5.2　骨材の性質 ……………………………………………………54
　　　a．骨材の強さ，耐久性……………………………………………54
　　　b．骨材の含水状態と吸水率………………………………………54
　　　c．密　　　度………………………………………………………56
　5.3　骨材の粒度，粒形および粗骨材の最大寸法 …………………56
　　　a．粒度，粒形………………………………………………………56

b． 粗骨材の最大寸法　…………………………………59
　　c． 単位容積質量，実績率および空隙率　…………59
　5.4　骨材中の有害物　……………………………………61
　　a． 微細粒子，軽い粒子　………………………………61
　　b． 塩　化　物　…………………………………………62
　　c． 有機不純物　…………………………………………62
　5.5　アルカリ骨材反応　…………………………………62
　5.6　各種骨材とその特徴　………………………………63
　　a． 砕石および砕砂　……………………………………63
　　b． 海　　　砂　…………………………………………64
　　c． スラグ骨材　…………………………………………64
　　d． 軽　量　骨　材　……………………………………65
　　e． 再　生　骨　材　……………………………………66
　5.7　水　…………………………………………………………67

6. コンクリート　………………………………………【阪田憲次】…69

　6.1　概　　説　……………………………………………69
　6.2　フレッシュコンクリート　…………………………70
　　a． ワーカビリティー　…………………………………70
　　b． ワーカビリティーに影響を及ぼす要因　…………71
　　c． 材料分離とブリーディング　………………………72
　　d． ワーカビリティーの測定　…………………………74
　6.3　コンクリートの配合　………………………………76
　　a． 配　合　設　計　……………………………………76
　　b． 配合設計の手順　……………………………………76
　　c． 示　方　配　合　……………………………………84
　　d． 配合設計例　…………………………………………85
　6.4　硬化コンクリートの性質　…………………………90
　　a． 圧　縮　強　度　……………………………………90

  b．圧縮強度以外の強度···94
  c．コンクリートの変形特性···97
  d．収縮およびクリープ··99
 6.5　コンクリートの耐久性··103
  a．コンクリート構造物の劣化と耐久性·························103
  b．乾燥収縮によるひび割れ···105
  c．凍結融解作用···106
  d．中　性　化··106
  e．耐　食　性··109
  f．耐硫酸塩性··109
  g．水　密　性··110
  h．アルカリ骨材反応···110
  i．鉄筋の腐食··111
 6.6　レディーミクストコンクリート·······································112
 6.7　コンクリートの非破壊試験··113
  a．表面硬度法··114
  b．音響学的方法···114
 6.8　高性能・多機能コンクリート···115
  a．コンクリートの高強度化···115
  b．耐久性の向上···117
  c．施工性の改善と合理化··117
 6.9　コンクリートの品質管理···121
  a．品質のばらつき··121
  b．統計学的品質管理···122
  c．管　理　図··123

7．その他の建設構造材料　　　　　　　　【西林新蔵・井上正一】…125

 7.1　概　　説···125
 7.2　アスファルト··125

a．天然アスファルト …………………………………………126
　　　b．石油アスファルト …………………………………………126
　　　c．石油アスファルトの一般的性質 …………………………127
　　　d．アスファルト混合物 ………………………………………128
　　　e．カットバックアスファルト，アスファルト乳剤 ………129
7.3　高分子材料……………………………………………………130
　　　a．プラスチックスの特性 ……………………………………132
　　　b．強化プラスチックス ………………………………………132
　　　c．建設用高分子材料の利用 …………………………………132
　　　d．接　着　剤 …………………………………………………133
　　　e．塗　膜　剤 …………………………………………………134
　　　f．プラスチックスコンクリート ……………………………135
　　　g．ゴ　　　ム …………………………………………………135
7.4　新素材および補修材料………………………………………135
　　　a．代表的な新素材・新材料 …………………………………136
　　　b．補修・補強法とその使用材料 ……………………………139

参 考 図 書 ……………………………………………………………143
付　　　　表 ……………………………………………………………144
索　　　　引 ……………………………………………………………147

1. 総論

1.1 概説

　橋梁，ダム，トンネルおよび高層建築などの構造物に使用される材料は多種多様である．建設構造材料として，かつては，石材，木材および粘土製品などが用いられたが，最近では，鉄鋼およびコンクリートが主として用いられており，さらに種々の新素材の利用も盛んである．

　建設構造材料が具備すべき条件は，構造物が供用期間中にその機能を果すために必要な力学的，物理的および化学的性質を有すること，構造物が置かれる環境において定められた期間その機能を維持するのに十分な耐久性を有すること，価格が低廉であることである．したがって，構造物の設計，施工および補修，補強において材料を選択する場合，目的に応じて，その諸性質をよく理解することが重要である．

1.2 建設構造材料の分類

　建設構造材料の種類はきわめて多く，一般に，以下のように分類される．
　（i）　生産による分類
　（1）　天然材料：土，石材，木材，ゴムなど
　（2）　人工材料：セメント，鉄鋼，コンクリート，アスファルト，プラスチックスなど

(ⅱ) 用途による分類

（1） 構造主体材料：構造物の主体を形成し，強度と耐久性を必要とするもので，主として，鋼材やコンクリートが用いられる．

（2） 副材料：保護，間仕切り，緩衝，装飾などの目的で用いられる．

1.3 建設構造材料に要求される性質

構造物の種類，目的，重要度，荷重条件，環境条件およびその他の条件により，用いる材料の種類は異なり，要求される性質もさまざまである．したがって，構造物の設計・施工においては，その目的に合った材料を選択するとともに，その材料の有する諸性質を正しく把握し，評価することが重要である．

以下に，建設構造材料の選択の際に考慮すべき諸性質について，その概要を述べる．

a. 強　度 (strength)

構造物の設計においては，作用する荷重に対して構造物に十分な強度をもたせることが主目的の一つである．したがって，材料の強度特性はきわめて重要であり，外力の種類，載荷速度などにより，以下のように分類される．なお，強度の単位は，応力の単位と同様で，N/mm^2 または Pa などで表される．

（1） **静的強度** (static strength)　　比較的遅い載荷速度（$0.02 \sim 1.0 N/mm^2/s$）で材料を破壊させたときの強さを静的強度という．そして，外力の作用状態により，圧縮強度 (compressive strength)，引張強度 (tensile strength)，曲げ強度 (bending strength, modulus of rupture)，せん断強度 (shear strength)，および，ねじり強度 (torsional strength) などがある．

（2） **衝撃強度** (impact strength)　　材料にきわめて載荷速度の大きい，すなわち衝撃的な荷重が作用したときの強さを衝撃強度という．一般には，材料が破壊されたときに吸収されるエネルギーによって評価される．

（3） **疲労強度** (fatigue strength)　　橋梁や防波堤などは，複雑な繰返し荷重を受ける．作用する荷重により生じる応力が，材料の強度よりも小さい場合でも，繰返し荷重によって材料が破壊することがある．このような現象を疲労 (fatigue) あるいは疲労破壊 (fatigue rupture) という．

一般に，実際の構造部材に作用する繰返し荷重は複雑であるが，試験では，

1.3 建設構造材料に要求される性質

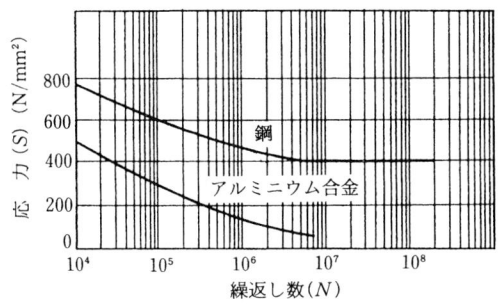

図 1.1　金属の S-N 曲線の例

単純な型の圧縮，引張り，曲げなどの荷重が与えられる．試験結果は，図 1.1 に示すような，縦軸に載荷応力（S）を，横軸に破壊までの繰返し回数（N）をとった S-N 線図で表されるのが一般的である．図 1.1 に示すように，鋼材の疲労試験では，応力がある値以下では，繰返し回数を増加しても破壊せず，この限度を疲労限度（fatigue limit）という．一方，非鉄金属やコンクリートなどにおいては，このような疲労限度がみとめられない．このような場合には，所定の繰返し回数（たとえば 200 万回）に耐える応力の限度，すなわち時間強さを疲労強度と定義している．

（4）クリープ破壊（creep rupture）　構造物の各部材は，長期にわたり死荷重などの一定の荷重を受ける．このような持続荷重下においては，変形が時間とともに増大する．このような現象はクリープと呼ばれる．クリープにより，部材のたわみが時間とともに増大したり，プレストレストコンクリートでは，導入応力が減退する．一方，クリープは，不静定力を緩和するはたらきもする．

持続応力がある限度以下の場合，クリープひずみはやがて一定値に収れんするが，限度以上の応力下では，それが静的強度以下であっても，材料は破壊することがある．この破壊をクリープ破壊と呼び，破壊を起こさない応力の限界をクリープ限度（creep limit）と呼ぶ．

なお，試験体のひずみを一定に保つと，このクリープ現象によって，応力は時間とともに減少する．この現象は応力緩和（stress relaxation）と呼ばれる．

b．応力-ひずみ線図（stress-strain diagram）

物体に外力が作用すると変形が生じるが，変形が小さい間，あるいは材料によっては，外力を除くと変形はまったく消失し，物体はもとの形にもどる．このような性質を弾性（elasticity）と呼ぶ．一方，外力を除いても変形が残り，物体が完全にもとの形にもどらない性質を塑性（plasticity）と呼ぶ．

外力と変形との関係は，応力-ひずみ曲線で表される．応力は，外力を供試体の断面積で割った値（応力度とも呼び，σで表示）であり，ひずみは，供試体の単位長さあたりの変形量（εで表示）である．

上に述べた材料の弾性および塑性を，この応力とひずみの関係で表すと，図1.2のようになる．すなわち，ある限度（弾性限度）を超えた応力度に対する全ひずみ（δ）は，除荷の際に回復する弾性ひずみ（ε；elastic strain）と，回復しない塑性ひずみ（η；plastic strain，あるいは永久ひずみ（permanent strain）ともいう）の和として

$$\delta = \varepsilon + \eta \tag{1.1}$$

で表すことができる．

応力-ひずみ線図は，図1.3に示すように，材料によって特徴ある形状と特性を有する．図1.4は，軟鋼の応力-ひずみ曲線を示したものである．応力が低い段階においては，応力とひずみとは比例関係にあり，フックの法則が成立する．この比例限度（P点）を超えると応力とひずみの比例関係は成立しないが，弾性限度（E点）までは弾性的であり，応力を除去するとひずみは0に戻

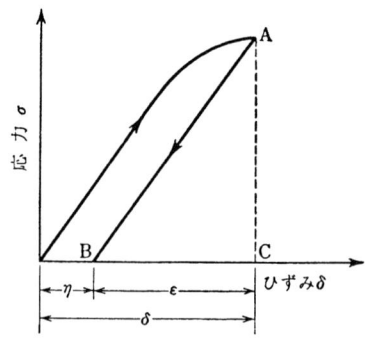

図1.2 応力と弾性ひずみ，塑性ひずみとの関係

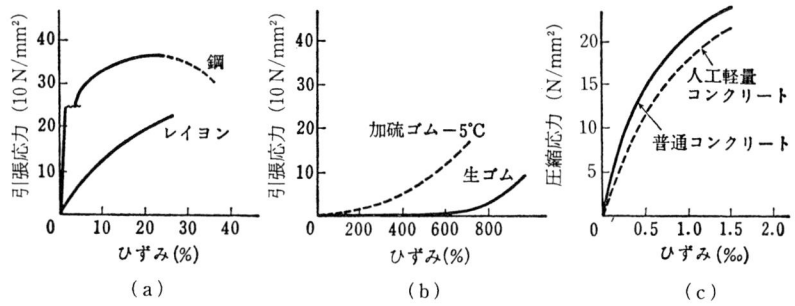

図1.3 種々の材料の応力-ひずみ線図

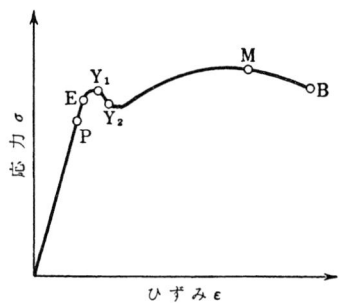

図1.4 軟鋼の応力-ひずみ線図

る性質がある．応力がさらに大きくなると，降伏点（yielding point）に達し，さらに，ひずみ硬化（strain hardening）と呼ばれる現象が生じ，供試体の一部分にくびれを生じ，極限強さ（M点）を超え，やがてB点に達して破断する．図1.4に示したように，応力-ひずみ曲線には降伏点と呼ばれる特異点が生じる．この特異点（一般には，上降伏点 Y_1 を用いる）を軟鋼の実質的な強さと考えることができる．

材料によっては明瞭な降伏点が認められないものがある．そのような材料に対しては，図1.5に示すように，あらかじめ定めておいた塑性ひずみが生じるときの応力を降伏点とする．金属材料では，あらかじめ設定する塑性ひずみを 0.2％とし，0.2％オフセット点と呼ぶ．

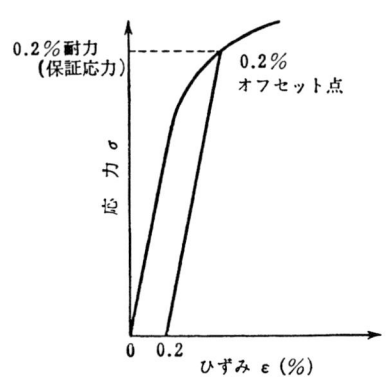

図1.5 降伏点が明確でない応力-ひずみ曲線

c. 弾 性 定 数

軟鋼の応力-ひずみ線図の直線部分のように，材料が弾性体と考えられる場合，応力とひずみとは，比例関係にあり，次式で示すフックの法則が成立する．

$$\sigma = E\varepsilon \tag{1.2}$$

この比例定数（E）は，弾性係数（modulus of elasticity）あるいはヤング係数（Young's modulus）と呼ばれる．

せん断力が作用したときには，せん断応力度（τ）とせん断ひずみ（γ）との関係は次式で表され，その比例定数（G）をせん断弾性係数（modulus of rigidity）と呼ぶ．

$$\tau = G\gamma \tag{1.3}$$

材料のある方向に力を加えた場合，その方向のひずみのみならず，力の方向と直角方向にもひずみを生じる．これをポアソン効果と呼び，そのときの直角方向のひずみと力の方向のひずみとの比を，ポアソン比（Poisson's ratio；ν）といい，その逆数をポアソン数（Poisson's number；m）という．これら，ヤング係数，せん断弾性係数およびポアソン比などを弾性定数といい，これらの間には次のような関係が成立する．

$$G = \frac{1}{2(1+\nu)} E \tag{1.4}$$

d． その他の力学的性質

（i） 剛性（rigidity, stiffness）　変形に対する抵抗性を表すもので，弾性係数に関係する．

（ii） じん性（toughness）　材料が荷重を受けて破壊するまでの間に示すエネルギーの吸収能で表され，これの大きい材料は優れた衝撃特性，あるいは大きな変形能を有している．

（iii） ぜい性（brittleness）　わずかの変形で破壊する性質をいう．

（iv） 硬さ（hardness）　材料の引っかき，切断，すりへりなどに対する抵抗性をいう．

e． 物理的性質

（i） 質量に関係する性質　構造物の設計・施工において問題となる性質として，比重（specific gravity），密度（density）および単位容積質量（unit weight, bulk density）がある．これらの性質は，構造物の死荷重を決定するものとして重要である．なお，密度および単位容積質量は，kg/l あるいは kg/m³ などの単位で表される．

（ii） 熱に関する性質　熱に関する性質として，比熱（specific heat），熱伝導率（thermal conductivity），熱膨張係数（coefficient of thermal expansion）および熱拡散係数（thermal diffusivity）がある．

熱伝導率は，W/m・K の単位で表される．ダムなどのマスコンクリートにおいては，コンクリートの熱伝導率が低いため，表面と内部とで温度差が生じ，それに起因する温度応力が設計上重要な問題となる．また，鉄筋コンクリート部材においては，コンクリートと鉄筋の熱膨張係数が同一であることが，このような構造形式の成立要件となっている．

f． 耐久性（durability）

構造物は，その供用期間中，要求される性能を満足しなければならない．しかし，土木・建築構造物は，一般に自然の気象条件下にさらされているため，その性能は時間とともに低下していく．このように，構造物およびそれに用いた材料の性能が時間とともに低下していくことを劣化（deterioration）といい，ある定められた要求性能を下回るまでの時間の長さに関する評価が耐久性である．

構造物の設計においては，外力に対する安全性についての考慮のみならず，耐久性に対する配慮も重要である．

材料の劣化の原因としては，鋼材の腐食，凍結融解作用，すりへり，種々の化学作用などがある．

1.4 規　　　格

鉄鋼，コンクリートなどの建設構造材料をはじめとする工業製品の形状，寸法，品質，使用方法および試験方法につき統一した規格を定めることは，品質の改善，コストの低減，使用の合理化，取引の公正化などの利点がある．特に，建設構造材料の規格化は，それを用いた構造物の設計・施工の簡易化に著しく貢献するものである．

わが国の日本工業規格（JIS）は，1949年制定の「工業規格化法」に基づくもので，現在17部門に分類され8000件を超えるに至っている．それぞれのJIS規格は，5年ごとに見直しが行われ，改正，確認または廃止の手続きがとられている．

建設構造材料に関連する諸外国ならびに国際機関の規格として，ISO（国際規格），ASTM（米国），DIN（ドイツ），BS（イギリス）などがある．

演 習 問 題

1.1　建設構造材料の選択に際して考慮すべき事項を列挙せよ．
1.2　材料の強度と載荷状態との関係について考察せよ．
1.3　材料の規格の意義について述べよ．

2. 鉄　鋼

2.1　鉄鋼の分類

　酸化鉄を含む鉄鋼石を溶鉱炉（高炉ともいう）を使って溶融・還元して鉄にする．これが銑鉄で，銑鉄をつくることを製銑という．この銑鉄は，炭素や不純物が多いので，これを製鋼炉で少なくして鋼にする．これを製鋼という．つまり，

$$\text{鉄鉱石} \xrightarrow[\text{(溶鉱炉)}]{\text{還元}} \text{鉄（銑鉄）} \xrightarrow[\text{(製鋼炉)}]{\text{脱炭精錬}} \text{鋼}$$

となる．
　炭素や他の元素をまったく含まない純鉄（Fe）は，軟らかすぎて実用にならないが，これに少量の炭素（C）を添加するだけで鉄の性質は著しく改善される．つまり，工業上からは，Cがゼロ（実際は0〜0.04％）のものが錬鉄，Cが適当に入っている（0.04〜2.1％）ものが鋼，多量に入っている（2.1〜6.7％）ものが鋳物（鋳鉄）と分類されている．
　さらに，鋼は，Cの含有量が多いほど硬くなるので，Cの含有量によって軟鋼とか硬鋼に区別されている（極軟鋼；C＝0.15％以下，軟鋼；C＝0.2〜0.3％，半軟鋼；C＝0.3〜0.5％，硬鋼；C＝0.5〜0.8％，最硬鋼；C＝0.8〜1.2％）．
　また，普通鋼と特殊鋼に分類される場合もある．上述の鋼は，FeにCだけが入った鋼であるので，炭素鋼あるいは普通鋼と呼ばれる．この炭素鋼にニッ

ケル (Ni)，クロム (Cr)，モリブデン (Mo)，バナジウム (V)，タングステン (W) などの元素を添加したものが特殊鋼で，特殊元素の添加の有無によって分類される．なお，特殊鋼は添加する元素の種類によっていろいろ有用な特性が現れてくる．

2.2 鋼の性質に及ぼす添加五元素の影響と不純物

上述のように，鋼は Fe と C の混ざった合金であるが，正確には C のほかに，ケイ素 (Si)，マンガン (Mn)，リン (P)，硫黄 (S) が混ざっており，C とともにこれらを鋼の五元素という．鋼に対する五元素の作用（効用）は以下のようである．

 (ⅰ) C： 鋼にとってはなくてはならない大切な元素で，硬さや強さを増す第一位の元素である．C 1 % につき引張強さを約 $1000\,\text{N/mm}^2$ 増す能力があるが，衝撃値，伸び，絞りは減少する．

 (ⅱ) Si： 約 2 % までは延性を損なわずに強さが増すが，この限度を超えるともろくなる．また，鋼に耐熱性を与える．なお，引張強さは，Si 1 % につき約 $100\,\text{N/mm}^2$ で，C の効能の約 1/10 というところである．

 (ⅲ) Mn： 焼きがよく入るようになる元素で，値段が安い割に効き目がある．また，鋼に高じん性を与える元素でもあり，最近ハイテン（高張力鋼）と呼ばれている鋼は Mn が 1.2～1.5 % 入っている．S によるぜい性を防止する．

 (ⅳ) P： 鋼には有害な元素で，冷間ぜい性，つまり低温時に鋼をもろくさせる性質がある．集団結合（偏析）する性質が強いので，含有量を極力少なくしなければならず，普通は 0.03 % 以下に制限されている．

 (ⅴ) S： これも P と同様に鋼には好ましくない元素で，熱間ぜい性，つまり赤熱状態のときもろくさせる性質がある．そのため，P と同様に，普通は 0.03 % 以下というような微量に規定されている．

 また，水素 (H)，窒素 (N) 等の元素が混入すると，鋼の機械的性質は著しく阻害される．

 (ⅵ) H： 微量存在しても鋼の機械的性質に大きな影響を及ぼし，特に伸び，絞りなどが著しく低下する（水素ぜい性という）．そのため，真空溶解や

脱ガス溶解によって脱ガス対策が行われている．

(vii) N： Cと同様に侵入型元素として固溶し，また各種の窒化物として固溶する．青熱ぜい性や低温ぜい性の原因となる．

2.3 鉄鋼の製造法（製銑と製鋼過程）

a. 銑鉄の製造（製銑）

　鉄鉱石から溶鉱炉（高炉ともいう）を使って銑鉄をつくることを製銑という．高炉は"鉄鉱石に含まれる酸素分を効率よく除去する装置"で，円筒のトックリ形の炉で，炉頂から鉄鉱石，コークス（燃料および還元材），石灰石（溶剤）などを交互に層を作るように装入し，その層状態を崩さないように炉内を下降させる．炉下部にある送風羽口からは熱風と補完還元材である微粉炭などを吹き込む．この熱風で微粉炭やコークスがガス化し，一酸化炭素（CO）や水素などの高温ガス（還元ガス）が発生する．そしてその還元ガスが激しい上昇気流によって炉内を吹き昇り，炉内を下降する鉄鉱石を昇温させながら酸素を奪い取っていく（間接還元）．

　溶けた鉄分はコークス層内を滴下しながらコークスの炭素と接触してさらに還元（直接還元）され，炭素5％弱を含む銑鉄となり炉底の湯溜まり部に溜まる（図2.1）．この溶けた状態の銑鉄を溶銑という．すなわち，鉄鉱石というのは，磁鉄鉱（Fe_3O_4），赤鉄鉱（Fe_2O_3），褐鉄鉱（$2Fe_2O_3 \cdot 3H_2O$）などの酸化鉄であるが，これがCOによって還元（間接還元）され，さらにコークスのCで直接還元されて銑鉄（Fe）となり，溶けて炉底に沈殿する．

$$間接還元： Fe_2O_3 + 3CO \longrightarrow 2Fe + 3CO_2$$
$$直接還元： Fe_2O_3 + 3C \longrightarrow 2Fe + 3CO$$

この反応における石灰石の役割は，鉄分と不純物を分けることで，鉱石中の岩石分や泥土と結合してスラグ（鉱滓）をつくる．スラグは比重が軽いので溶銑の上に浮かぶ．そこで，3～4時間ごとにスラグ口を開いてこれを流出させた後，出銑口を開いて溶銑を取り出す．

　なお，高炉からはスラグとガスが副産物として出てくるが，高炉ガスは熱風炉・ボイラーなどの燃料として再使用される．一方，スラグは処理方法により2種類の高炉スラグとして活用されている．すなわち，1つは，徐冷により結

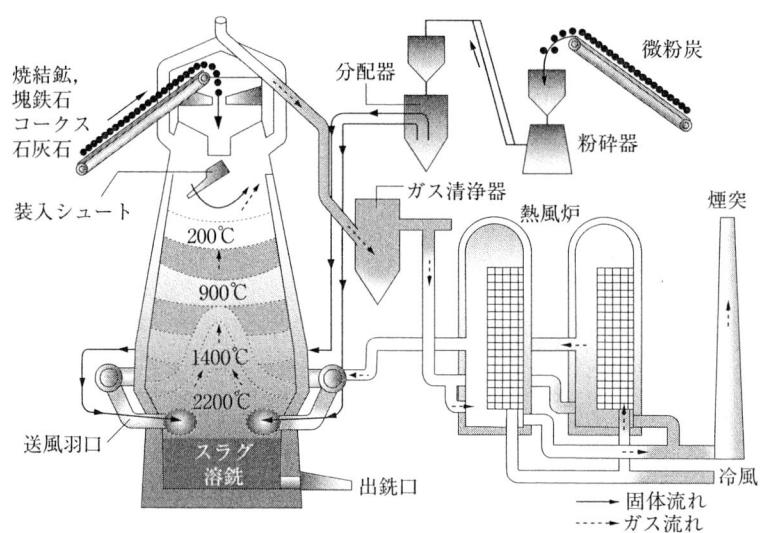

図 2.1 高炉と付属設備
(新日本製鉄(株)編著：鉄と鉄鋼がわかる本, p.41, 日本実業出版社)

晶組織の塊状スラグ（高炉徐冷スラグ）とすることによって，道路用路盤材，コンクリート用粗骨材に用いられている．もう1つは，水などで急冷して粒状でガラス質の急冷スラグ（高炉急冷スラグ）とすることで，高炉セメント用の材料，セメント用クリンカー原料，およびコンクリート用細骨材などに有効利用されている．

このようにしてできた溶銑は，大部分が溶銑車に導かれ製鋼工場へ運ばれ精錬される．

b. 製 鋼 法

高炉で鉄鉱石から銑鉄をつくるのを製銑というのに対し，製鋼炉で銑鉄から鋼をつくることを製鋼という．製鋼炉には，転炉，電気炉などがあるが，現在は転炉法が製鋼法の主流となっている．転炉法による製鋼プロセスは，脱炭精錬前に溶銑中のPやSを取る「溶銑予備処理」と，Cを取る「一次精錬」，そしてその後，溶鋼中に残ったHやN等の気体を抜き，必要に応じてさらにSを取り，かつ成分調整の合金添加を行う「二次精錬」よりなる．

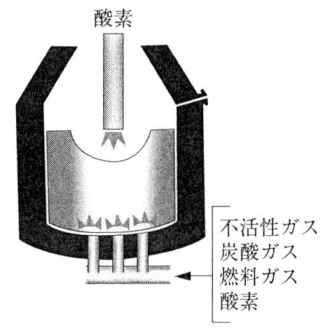

図 2.2 転炉の断面（上底吹き法）

　転炉（converter）はつぼ形（洋梨形）をしており，炉体は前後に傾けることができるようになっている（図2.2）．この転炉中に少量の屑鉄が装入され，次に高炉から出銑された溶銑が流し込まれ，さらに炭酸カルシウム（生石灰）を主成分とするスラグ原料を加えた後，その表面に上方からパイプを通して高純度の高圧酸素ガスを吹き込み，撹拌する．すると，酸素が溶銑中のCやP，Si，Mnなどの不純物と急速に反応し，燃焼による高熱が発生する．ここで生じた酸化物は炭酸カルシウムと結びつき，スラグとして安定化する．この酸化反応によってCが除去されるとともに，PやSiは比重が軽く上部に浮上するスラグに取り除かれ（鉱滓となる），低炭素で不純物の少ない鋼が生まれる．

　鋼はこのようにして40分前後の短時間でつくられるが，より不純物の少ない高級鋼を製造するためには二次精錬が行われる．この方法は多様であるが，真空容器に溶鋼を吸い上げ，またはアルゴンガスなどの不活性ガスを吹き込んで還流させ，C，O，N，Hなどの不要な成分をガスとして抜いてしまう真空脱ガス技術が広く用いられている．

　なお，現在の転炉は，上吹きで酸素を吹き込みながら，撹拌力の強い底吹きを補完的に行う（上底吹き転炉：図2.2参照）が主流となっている．この方法では，高炭素鋼などをつくる場合は，底吹きには酸素を使わず，アルゴン，窒素などの撹拌用のガスを用いて，炉底部の消耗を抑える方法なども考案され，製鋼時間は従来法（上吹き法や底吹き法）に比べて飛躍的に短縮されている．

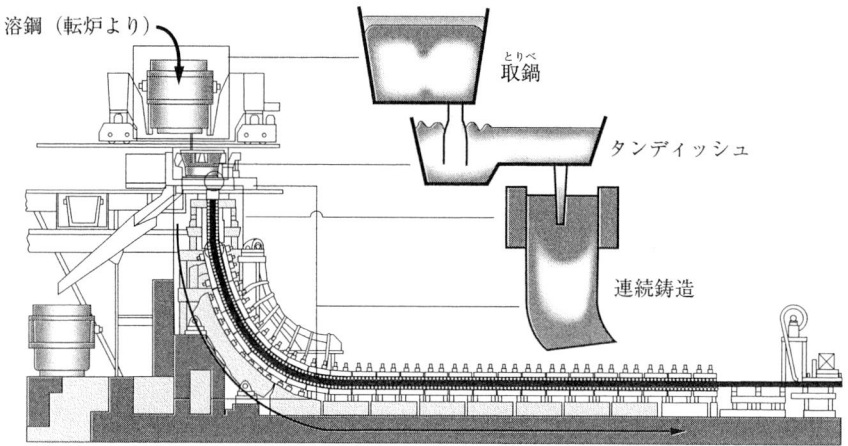

図 2.3　連続鋳造ラインの一例（垂直曲げ形）
（新日本製鉄(株)編著：鉄と鉄鋼がわかる本，p. 76，日本実業出版社）

c.　連続鋳造法（C.C 法）

　精錬が終わった鋼は，合金を添加して成分を調整後，鋳造プロセスに送られる．ここで鋼は固められて"鋼片"となり，鋼板，棒線，H 型鋼などの鋼材の半製品となる．1960 年代までは，鋳型に溶鋼を流し込み，自然に冷やし固めた鋼の固まりを再び加熱して，分塊圧延機で延ばし鋼片をつくっていたが，1970 年代になると溶鋼から直接鋼片をつくる連続鋳造機の導入が拡大していった．

　連続鋳造（continuous casting）工程では，溶鋼を最上部の鋳型に注ぎ，側面が凝固したものを鋳型の底から引き出していく．分塊工程の省略による生産性向上と溶鋼の熱を有効に活用できる省エネルギー効果から，現在ではほぼ 100 ％が連続鋳造法を適用している．

　なお，連続鋳造機は，最初は垂直形であったが，最近のものは図 2.3 のように垂直曲げ形で，しかもライン上に再熱炉と数組の水平・垂直ロールを備えて，断面寸法を自由に変えられるものも出現している．さらにごく最近では，余熱を利用して焼き入れしてしまうものも開発されている．

2.4 鋼の組成と変態

　純鉄を常温から徐々に加熱し，その熱膨張を測定すると図 2.4 のように 910℃ と 1400℃ で異常現象が見られる．これはそれらの温度で鉄に同素変態（allotropic transformation）が起こったためで，前者を A_3 変態，後者を A_4 変態という．常温から A_3 変態までの鉄原子の配列は，図 2.5（A）のような体心立方格子の結晶構造を持ち，このような状態の鉄を α 鉄という．A_3 変態後 A_4 変態するまでの鉄は同図（B）のような面心立方格子の結晶構造を持ち，このような状態の鉄を γ 鉄という．α 鉄は 9 個，γ 鉄は 14 個の原子からなる

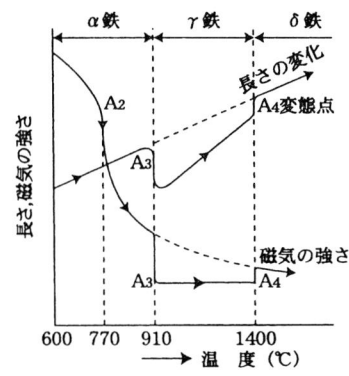

図 2.4　純鉄の変態図
（菊地喜久男：金属材料学，p.100，共立出版）

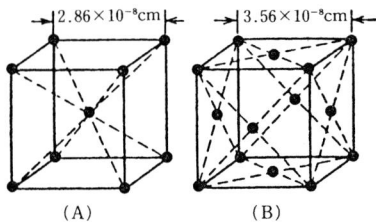

図 2.5　鉄の結晶の原子配列
　（A）　$\alpha(\delta)$ 鉄の結晶の原子配列
　（B）　γ 鉄の結晶の原子配列
　　　（●は Fe 原子）
（高橋　昇他：金属材料学，p.101，森北出版）

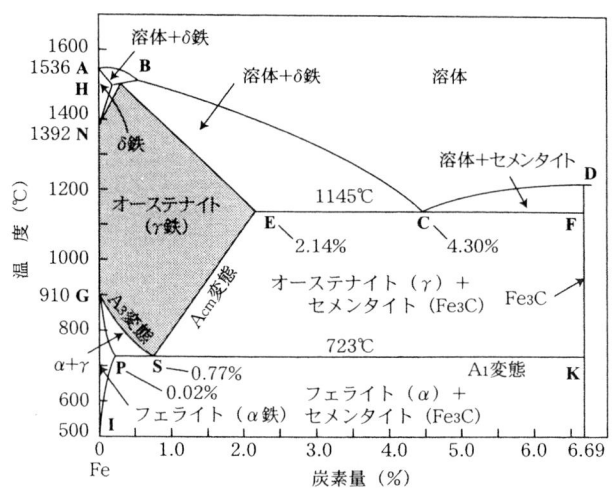

図 2.6 Fe-C系平衡状態図
(岡田　清他：土木材料学, p.44, 国民科学社)

ため, α 鉄から γ 鉄に変わると立方体の数が減り, 急激な収縮が起こることになる. A_4 変態後溶融するまでの温度域での鉄は, 再度 α 鉄と同じ体心立方格子になる. この状態の鉄を δ 鉄という.

　鋼の場合には, 含有する炭素量の影響で上記の変態温度が変わるが, その様相は, 図2.6の平衡状態図によって示される. 一般に, α 鉄が他の元素を固溶した状態をフェライト (ferrite) といい, 図2.6において GPI から左側の部分がこれにあたり, 炭素を固溶している. 炭素の最大固溶量は, 常温では0.006%, 723℃では0.02%となる. フェライトは鉄鋼の組成中, 一番軟らかい組成で, 延性に富む. α+セメンタイト部分では, Fe と C の化合物, つまり炭化物 (Fe_3C) をセメンタイト (cementaite) というが, 固溶限度以上の炭素がセメンタイトとして析出する. セメンタイトは白色の金属的光沢を有し, 非常に硬くてもろい性質がある. Fe と C との合金である鋼が Fe よりも硬いのはこのセメンタイトのためである. γ 鉄は α 鉄に比べて多くの炭素を固溶し, 図の網をかけた部分がこれにあたり, α 相と同様に侵入型固溶体である. γ 鉄が他の元素を固溶した状態をオーステナイト (austenite) という.

　炭素量 0.8% の γ 相にあるものの温度を下げていくと, S 点でフェライトと

セメンタイトが同時に析出し（これを共析変態または A_1 変態という），それらが層状に交互に存在する微細な縞状の組織となる．この組織は，顕微鏡では真珠のような色合いを呈しているのでパーライト(pearlite)と命名され，鋼の共析変態をパーライト変態ということもある．炭素が0.8％より少なくなると，パーライト組織の量が減少してフェライトの量が多くなり，炭素量が0.8％以上になると，セメンタイトがパーライト組織の間に網目状に析出してくる．

図2.6は，平衡状態を保ちながら，徐々に温度を変えた場合の変態点を結んで得られるものであるが，冷却・加熱速度に依存してこの線から離れた温度で変態が生じる．このため，同一炭素量でも温度変化の速度によって組織が変わり，鋼質も異なったものとなる．鋼の熱処理は，このような性質を利用したものである．

2.5 鋼の熱処理

鉄鋼は，「赤めて」「冷やす」ことによって性質が多様に変化する．「赤める」のが火加減，「冷やす」のが湯加減である．鋼の熱処理とは，鋼を適当な温度に加熱および冷却することによって，その組織を変え，加工性，強さ，粘りなどの性質を改善したり，圧延または鋳造などによって残留応力を除去するなど，鋼に望ましい性質を付与する目的で行う操作をいう．熱処理には一般熱処理と表面熱処理があるが，代表的な一般熱処理としては，焼なまし，焼ならし，焼入れ，焼戻し，パテンチング，ブルーイングなどがある．

2.6 鋼の性質

a. 鋼の物理的性質

一般に，鋼の密度・線膨脹係数，熱伝導度などは，炭素含有量が増加するにしたがって減少し，逆に比熱および電気抵抗は増加する．また，温度の影響に関しては，熱膨脹係数と電気抵抗は温度の上昇とともに増大するが，熱伝導度は減少する．

b. 鋼の機械的性質

鋼の機械的性質には，引張強度，降伏点強度，伸び，絞り，硬さ，衝撃強さ，疲れ強さ，クリープ強さなど，機械的な変形および破壊に関係する諸性質

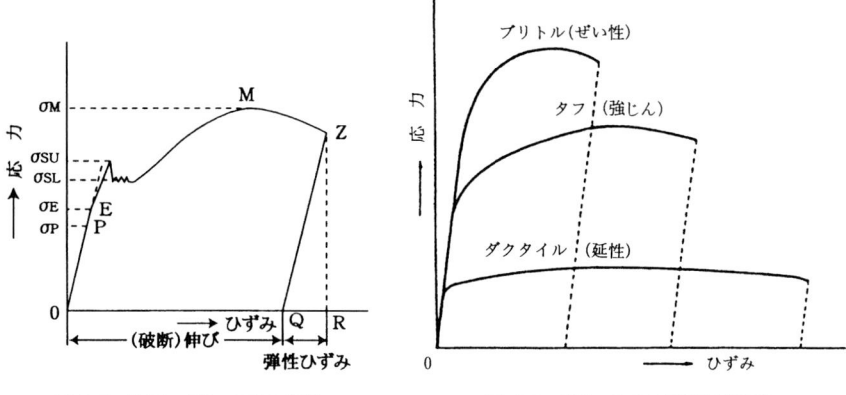

図 2.7 軟鋼の応力-ひずみ曲線　　　　図 2.8 応力-ひずみ曲線と変形能

が含まれる．

(1) 応力-ひずみ曲線と弾性係数　鋼材の応力-ひずみ曲線の形状および弾性係数，降伏点，引張強度，耐力，伸び，などの機械的性質は総論に述べた通りである．その他の機械的性質として，絞りは，引張試験後の鋼材の破断面を注意してつき合わせ，そこの最小断面積とその原断面積との差の原断面に対する百分率として表される物理量である．また，図2.7で曲線に囲まれた部分の面積は，この試験に費やされた仕事量を表すが，一般にこの面積が大きいものほどよい材料であるといえる．また，図2.8のように，同一面積においても，伸び能力の小さいものをぜい性（brittle）材料，伸び能力の大きいものを延性（ductile）材料，適当に強くて適当な伸び能力のあるものをじん性材料という．

　応力-ひずみ曲線では比例部分の傾き，すなわち，$E = \sigma/\varepsilon = \tan\theta$ がヤング率であるが，ヤング率は，鉄鋼である限りは，Cの含有率や熱処理によって硬さを増しても変化せずほとんど一定で，$E \fallingdotseq 2.0 \times 10^5 \, \text{N/mm}^2$ である．

(2) 硬さ　硬さについては，その物理的意義は明確ではないが，硬さを測ればそれだけでたいていの機械的性質を予測できるので，材料試験では重要な役割を果たす．最も一般的に用いられている硬さは，ブリネル硬さ（HB；JIS Z 2243），ショア硬さ（HS；JIS Z 2246），ロックウェル硬さ（HR；JIS Z 2245），ビッカース硬さ（HV；JIS Z 2244）で，試験法がJISに規定されてい

2.6 鋼の性質

る.

(3) 強さ 鋼の強さは，通常，材料試験によって求める．その最も一般的なものが引張試験で，強さを含めた上述の(1)の特性はこの試験によって求まる．

鋼の引張強さは，鋼種による差はなく，ある硬さの範囲内（たとえば，ブリネル硬さではHB<500）においては，硬さのみによって決まる．すなわち，炭素鋼だから弱く，特殊鋼だから強いというようなことはなく，鋼の引張強さ σ_B と硬さとの間には以下の関係が成り立つ．

$$\sigma_B = 1/3 \times HB = 2.1 \times HS = 3.2 \times HR$$

ここに，HBはブリネル硬さ，HSはショア硬さ，HRはロックウェル硬さである．

硬くするには熱処理でも鍛造でもよいが，硬すぎるとかえって引張強度を低下させる．

降伏点強さ（ないしは耐力）は，構造物の設計には必要不可欠な特性である．降伏点強さは引張強さと密接な関係にあり，生材では引張強さの約50％，熱処理材（調質材）では80〜90％である．引張強さは生材でも熱処理材でも硬さだけで決まるが，降伏点強さを増加させるには，熱処理，特によく焼きを入れてから焼戻し（完全調質）することが有効である．

(4) 伸び 変形能重視の設計，たとえば耐震設計などにおいては，伸び能力が重要視される．伸びは破断に至るまで材料を引張ったときの伸張率で，材料の延性（伸びやすい性質）の指標となる．一般に，伸びは，Cパーセントの少ない鋼ほど，また硬さが低いものほど大きい．しかし，同一硬さでも，調質材（焼入れと焼戻しを行った熱処理材）は生材よりも伸びは大きい．伸びは少なくとも5％以上あることが望ましい．

(5) 衝撃強度 鋼材の衝撃強度は試験時の温度にきわめて敏感である．すなわち，衝撃試験によって吸収されるエネルギーは温度によって変化し，ある温度を境に急激に低下する．この温度を遷移温度(transition temperature)という．遷移温度をもつ鋼の使用に際しては，この遷移温度以上で使用する必要がある．

(6) 鋼のぜい性 炭素鋼は，200〜300℃で引張強さ，硬さは最大となる

が，伸びは最小となる（この現象を青熱ぜい性（blue shortness）という）．さらに高温になると，温度が300℃以上でクリープ限度が急激に減少し，400〜500℃で衝撃値は最小となり，同時にもろくなって加工中に割れを生じやすい（赤熱ぜい性（red shortness）または高温ぜい性（hot shortness））．さらに，常温よりも低い温度においては，温度が低下するにしたがって引張強さ，疲労限度，硬さなどは増加するが，衝撃値および伸びは減少する（低温ぜい性（cold shortness））．このように伸び能力が減少する現象をぜい性という．不純物としてあるいは環境中にHやNが添加あるいは存在する場合にも，ぜい性（水素ぜい性あるいは窒素ぜい性）化が生じる．

(7) その他の機械的性質 鋼材に繰返し荷重が作用するときの疲労強度（fatigue strength），一定持続荷重が作用するときのクリープ（creep），一定のひずみを与えたとき応力が時間の経過とともに減少するレラクセーション（relaxation），静的に引張応力が作用したとき，ある時間が経過した後に突然破壊する遅れ破壊（delayed fracture）などがある．

2.7 鋼　　材

a. 鋼材の種類

鋼材とは，圧延，鋳造，引抜きまたは鍛造など各種の方法で，所要の形状に加工された鋼の総称である．鋼材は材質，形状，加工法，用途などによって分類されるとともに，各種規格によっても分類されている．

(1) 材質による分類

(ⅰ) 炭素含有量による分類　　鋼の性質は炭素含有量によって大きく変化する．表2.1は，炭素含有量によって鋼を分類したものである．

(ⅱ) 普通鋼と特殊鋼による分類　　FeにCのみが入った炭素鋼と，炭素

表 2.1　炭素鋼の分類と用途

鋼の種類	炭素含有量(%)	用途例
極 軟 鋼	0.15%以下	薄い鉄板，電信線，ブリキ板，トタン板
軟　　鋼	0.15〜0.30	造船材，橋梁材，建築材管，針金，釘
硬　　鋼	0.50〜0.80	機械部品，ばね
最 硬 鋼	0.80〜1.20	機械部品，ばね
炭素工具鋼	0.30〜0.50	削岩機の刃先，刃物類

鋼に Cr, Mo, V などの特殊元素を添加して特殊な性質を示すようになった特殊鋼に分類される場合もある．

（2） 形状による分類　　形状により，条鋼，鋼板，鋼管に大別され，これらはさらに表 2.2 のように細分される．

（3） 加工による分類　　鋼塊または半製品から鋼材を製造する方法によって，圧延・鍛造・鋳造・熱間押出し・熱処理・溶接・冷間引抜き，などに分類される．

（4） 用途による分類　　構造用，ボイラーおよび圧力容器用，機械構造用，水道用などに分類される．

b. 構造用鋼材

（1） 一般構造用圧延鋼材（rolled steel for general structure）　　この鋼材は，JIS G 3101 で規定されている SS 材で，引張強さによって 4 種類あり（表 2.3 参照），橋，船舶，車両その他の構造物に用いる一般構造物用の熱間圧

表 2.2　形状による鋼材の分類

条鋼	棒　鋼…丸鋼，角鋼，平鋼，六角鋼，八角鋼，半円鋼，バーインコール，異形丸鋼
	形　鋼…山形，みぞ形，I 形，T 形，H 形，Z 形，F 形，球平形，サッシュバー鋼板，軽量鋼矢板，坑わく板，軽量形鋼，熱間押出し形鋼
	レール…重レール，軽レール
	線　材…普通線材，特殊線材
鋼板	厚　板(厚さ 3 mm 以上)…厚板，中板，縞鋼板，クラッド鋼板
	薄板類(厚さ 3 mm 未満)…薄板(熱間圧延，冷間圧延)，広幅帯鋼，ブリキ，亜鉛鉄板，アルミメッキ鋼板，ケイ素鋼板，特殊被膜鋼板
	帯　板
鋼管	継目なし鋼管，鍛接管，溶接管，コルゲートパイプ

（藤井　学他：土木材料, p.29, 森北出版）

表 2.3　一般構造用圧延鋼材（JIS G 3101-2005）

記号	降伏点強度(N/mm^2)			引張強さ (N/mm^2)
	鋼材の厚さ(mm)			
	〜16	16〜40	40〜100	100〜
SS 330	205〜	195〜	175〜	165〜	330〜430
SS 400	245〜	235〜	215〜	205〜	400〜510
SS 490	285〜	275〜	255〜	245〜	490〜610
SS 540	400〜	390〜	—	—	540〜

延鋼材である．組成的には比較的高 C, 低 Mn であり，SS 540 を除けば不純物である P と S がそれぞれ 0.05 % 以下と規定されているにすぎない．したがって，鋼材の強さは保証されているが，延び能力や溶接性は考慮されていない．なお，降伏点強度については，ISO に準じて厚さで区別している．

（2） 溶接構造用圧延鋼材　SS 材は溶接性を考慮していない．このため，特に溶接性をよくし，同時に強度とじん性を保証した鋼材を JIS G 3106 では SM 材として規定している．この SM 材は，本来は溶接船体用として開発されたものである．

なお，溶接部近辺を溶接熱影響部（HAZ, heat affected zone）というが，鋼材の C % が高い場合，溶接後に周辺に熱を奪われて急冷されるため，ここに焼きが入って硬くなる．硬くなると，もろくなったり割れやすい．熱の影響を受けて鋼を硬くする成分は C だけでなく，Mn, Cr, Mo などにもある．このため，溶接棒からも入ってくるこういう元素の量も制限する必要がある．特に，引張強度の大きい SM 570 などでは，次式による炭素当量 C_{eq} の値が 0.44 を超すような場合には，溶接する前に余熱して急冷を避け，溶接割れを防ぐことになっている．

$$炭素当量： C_{eq}=C+\frac{Mn}{6}+\frac{Si}{24}+\frac{Ni}{40}+\frac{Cr}{5}+\frac{Mo}{4}+\frac{V}{14} \quad (2.1)$$

ここで，C_{eq}, C, Mn, Si, Ni, Cr, Mo, V はそれぞれ質量 % である．

式 (2.1) は，鋼を硬くするうえで，それぞれの添加元素の効果を C に換算するための指標で，分母の数値は実験的に求められたものである．分母の値より，鋼を硬くする効果は，C の次に Mo, Cr, Mn が続き，V, Si, Ni の影響は小さいことがわかる．C_{eq} は，また，鋼材の溶接性の難易を判断する一つの指標にもなる．

（3） 溶接構造用耐候性鋼材　SM 材は露天での構造物に多く用いられるが，防錆のために定期的に塗装を施す必要がある．そこで開発されたのが SMA 材で，溶接構造用耐候性熱間圧延鋼材である．耐候性とは大気中での腐食に耐える性質のことで，A は atmosphere を示す．耐候性は，P, Cu, Cr の添加によって向上するが，P は溶接性がよくないので，Cu-Cr 系をベースにして，これに Mo, Nb, Ni, Ti, V または Zr のいずれか 1 種類以上を添加

している．JIS（JIS G 3114）ではSMA材として，SMA 400，SMA 490，SMA 570に対して14種類を規定している．

（4）条鋼 条鋼とは，断面に比べて長さが著しく長い鋼材の総称で，棒鋼，形鋼，線材，レールなどがこれに含まれる．

（i）棒鋼 棒状に圧延または鍛造された鋼で，表2.2に示したように種々の断面形状のものがある．この品質は，表2.3で示したJIS G 3101（一般構造用圧延鋼材），G 3106（溶接構造用圧延鋼材），G 3112（鉄筋コンクリート用棒鋼）などの規格がある．表2.4にJIS G 3112の規格を示す．

表2.5には，異形棒鋼（deformed bar）に対する寸法・質量の許容誤差の規格を，図2.9には異形棒鋼の典型的な形状を示す．なお，異形棒鋼は，図2.9に示すように，コンクリートとの付着強度を高めるために，表面に突起（長手方向のものをリブ，円周方向のものを節という）がつけられている．

表2.4 鉄筋コンクリート用棒鋼の機械的性質（JIS G 3112）

区分	種類の記号	降伏点または0.2%耐力 (N/mm²)	引張強さ (N/mm²)	引張試験片	伸び* (%)	曲げ性 曲げ角度	曲げ性 内側半径
丸鋼	SR 235	235以上	380〜520	2号	20以上	180°	公称直径(d)の1.5倍
				14 A号	21以上		
	SR 295	295以上	440〜600	2号	18以上	180°	径16 mm以下のもの：dの1.5倍
				14 A号	19以上		径16 mmを超えるもの：dの2倍
異形棒鋼	SD 295 A	295以上	440〜600	2号に準じるもの	16以上	180°	D 16以下：dの1.5倍
				14 A号に準ずるもの	17以上		D 16超え：dの2倍
	SD 295 B	295〜390	440以上	2号に準ずるもの	16以上	180°	D 16以下：dの1.5倍
				14 A号に準ずるもの	17以上		D 16超え：dの2倍
	SD 345	345〜440	490以上	2号に準ずるもの	18以上	180°	D 16以下：dの1.5倍
							D 16超え D 41以下：dの2倍
				14 A号に準ずるもの	19以上		D 51：dの2.5倍
	SD 390	390〜510	560以上	2号に準ずるもの	16以上	180°	dの2.5倍
				14 A号に準ずるもの	17以上		
	SD 490	490〜625	620以上	2号に準ずるもの	12以上	90°	D 25以下：dの2.5倍
				14 A号に準ずるもの	13以上		D 25超え：dの3倍

*：異形棒鋼材で寸法が呼び名D 32を超えるものについては，呼び名3を増すごとに表の伸びの値からそれぞれ2減じる．ただし，減じる限度は4とする．

表 2.5 異形棒鋼の寸法, 質量および節の許容限度

呼び名	公称直径 d (mm)	公称周長 l (cm)	公称断面積 S (cm²)	単位質量 (kg/m)	節の平均間隔の最大値 (mm)	節の高さ 最小値 (mm)	節の高さ 最大値 (mm)	節のすき間の和の最大値 (mm)	節と軸線との角度
D 6	6.35	2.0	0.316 7	0.249	4.4	0.3	0.6	5.0	
D 10	9.53	3.0	0.713 3	0.560	6.7	0.4	0.8	7.5	
D 13	12.7	4.0	1.267	0.995	8.9	0.5	1.0	10.0	
D 16	15.9	5.0	1.986	1.56	11.1	0.7	1.4	12.5	
D 19	19.1	6.0	2.865	2.25	13.4	1.0	2.0	15.0	
D 22	22.2	7.0	3.871	3.04	15.5	1.1	2.2	17.5	45度以上
D 25	25.4	8.0	5.067	3.98	17.8	1.3	2.6	20.0	
D 29	28.6	9.0	6.424	5.04	20.0	1.4	2.8	22.5	
D 32	31.8	10.0	7.942	6.23	22.3	1.6	3.2	27.5	
D 35	34.9	11.0	9.566	7.51	24.4	1.7	3.4	27.5	
D 38	38.1	12.0	11.40	8.95	26.7	1.9	3.8	30.0	
D 41	41.3	13.0	13.40	10.5	28.9	2.1	4.2	32.5	
D 51	50.8	16.0	20.27	15.9	35.6	2.5	5.0	40.0	

$$S = \frac{0.7854 \times d^2}{100}, \quad l = 0.3142 \times d, \quad 単位質量 = 0.785 \times S$$

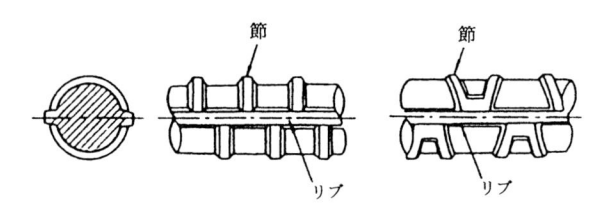

図 2.9 異形棒鋼の表面形状例

これらの他に, プレストレストコンクリートの緊張材として用いられる棒鋼にはPC鋼棒がある. PC鋼棒には, キルド鋼を熱間圧延処理した後の製造方法によって, 引抜き鋼棒, 圧延鋼棒および熱処理鋼棒がある. JIS G 3109 に規格化されている種類と機械的性質を表2.6に示す. 一般に, 直径9.2〜40 mmの丸鋼はポストテンション方式に, 直径7.4〜13 mmの異形棒はプレテンション方式に使用されている.

なお, PC鋼線 (prestressing wire) および PC鋼より線 (prestressing

表 2.6 PC鋼棒の種類・記号・機械的性質と呼び名(JIS G 3109 & 3137-2005)

種類			記号	耐力[1] (N/mm²)	引張強さ (N/mm²)	伸び (%)	リラクセーション値(%)
丸棒	A種	2号	SBPR 785/1030	785 以上	1030 以上	5 以上	4.0 以下
	B種	1号	SBPR 930/1080	930 以上	1080 以上	5 以上	4.0 以下
		2号	SBPR 930/1180	930 以上	1180 以上	5 以上	4.0 以下
	C種	1号	SBPR 1080/1230	1080 以上	1230 以上	5 以上	4.0 以下
	呼び名[2]		9.2mm, 11mm, 13mm, (15mm), 17mm, (19mm), (21mm), 23mm, 26mm, (29mm), 32mm, 36mm, 40mm				
異形棒	B種	1号	SBPDN 930/1080	930 以上	1080 以上	5 以上	4.0 以下
			SBPDL 930/1080	930 以上	1080 以上		2.5 以下
	C種	1号	SBPDN 1080/1230	1080 以上	1230 以上	5 以上	4.0 以下
			SBPDL 1080/1230	1080 以上	1230 以上		2.5 以下
	D種	1号	SBPDN 1275/1420	1275 以上	1420 以上	5 以上	4.0 以下
			SBPDL 1275/1420	1275 以上	1420 以上		2.5 以下
	呼び名		7.1mm, 9.0mm, 10.7mm, 12.6mm				

1) 耐力とは，0.2％永久伸びに対する応力をいう．
2) 呼び名は，鋼棒の標準径を示す．ただし，( )をつけたものは使用しないのが望ましい．

表 2.7 鋼線の種数および記号

種類			記号[3]	断面
PC鋼線	丸線	A種	SWPRIAIN, SWPRIAL	○
		B種[1]	SWPRIBN, SWPRIBL	○
	異形線		SWPDIN, SWPDIL	○
PC鋼より線	2本より線		SWPR2N, SWPR2L	8
	異形3本より線		SWPD3N, SWPD3L	⊛
	7本より線	A種[2]	SWPR7AN, SWPR7AL	⊛
		B種[2]	SWPR7BN, SWPR7BL	⊛
	19本より線		SWPRI9IN, SWPRI9L	⊛

1) 丸線B種は，A種より引張強さが100 N/mm² 高強度の種類を示す
2) 7本より線A種は，引張強さ1720 N/mm² 級を，B種は1860 N/mm² 級を示す
3) レラクセーション規格値によって，通常品はN，低レラクセーション品はLを記号の末尾につける

strand) に関する JIS は表 2.7 に示す．PC 鋼線は，ピアノ線材（JIS G 3502）をパテンチング（急冷）した後に常温で伸線し，残留ひずみを除去するために最終工程でブルーイング（低温焼なまし）を施して製造されたもので，直径 9 mm 程度までのものをいう．PC より線は PC 鋼線を複数本束ねてより合わせたもので，2 本，7 本，19 本より線が JIS G 3536 に規格化されている．

2.8 高炉の進化と鋼の高性能化

a. 高炉の進化

近代高炉の原型は，14 世紀から 15 世紀にかけてドイツのライン川の支流で誕生した．当時は熱源および還元材として木炭を使い，水車の動力でふいごの送風量を増やし温度を上げていた．この高炉法は 16 世紀にイギリスに渡り，1709 年に木炭からコークスを使った現在の高炉が導入され 300 年になる．我が国では，1857 年に近代鉄鋼の夜明けとなった釜石の大橋高炉が登場したのを皮切りに，各地に高炉が建設され，近代以降の工業国化を支えてきた．現在では世界で最大（炉内容積 $5775\,m^3$）と第 2 位（同 $5555\,m^3$）の高炉が稼働しており，それぞれ日産 1 万 2 千トンの銑鉄が生産されている．高炉のここ 10 年の進化を概観すると，まず高炉の還元材や還元効率が大きく進化している．送風羽口より吹き込まれる還元材は，当時の重油から微粉炭に変わっており，またコークス炉，高炉ではプラスチックなどの廃棄物を活用するなど，還元材利用における技術革新が進んでいる．また，炉下部の横から吹き込む送風力は従来 1～2 気圧であったが，容積が拡大した現在では，4～5 気圧で熱風と還元材を吹き込む高圧操業となり，多量に高温ガスを炉内に送り込むことによって還元効率を高めている．さらに高圧操業によって炉頂に上昇してくる高圧ガスを用いてタービン発電を行う炉頂圧発電システム（TRT）を装備するなど，生産性の向上，鉄鉱石，還元材のコスト低減，炭酸ガスの排出抑制など時代のニーズに応えるさまざまな機能を付加したものが登場してきている．

b. 鋼の高性能化

（1）超強度鋼　欠陥がない材料における理論強度は $14000\,N/mm^2$ であるといわれているが，現在の鋼の最高強度は $3000\,N/mm^2$ 程度で，理想強度の 1/5 程度である．そこで，欠陥を少なくするために，①結晶粒を小さくする

(液体冷却法，結晶粒径 1.2 μm)，②非金属介在物や有害な不純物の除去，③熱処理と塑性加工を併用する（加工熱処理），④じん性の高いオーステナイトを活用する，⑤特殊な熱処理（変態誘起塑性，TRIP）を応用する，などの手法が考案・開発されつつある．一方，強度が高くなればじん性は低下する．そこで，強じん性も同時に確保できる現状の最高強度は 2300 N/mm² 程度で，高ニッケルマルエージ鋼でこれを実現している．18 Ni 300（C 0.03 %，Ni 18 %，Mo 4.9 %，Co 9 %）や 18 Ni 350（C 0.01 %，Ni 18 %，Mo 4.5 %，Co 12 %）がその一例の鋼である．

(2) その他特殊な性能を付与した鋼 現在の耐熱鋼（SUH）の適用温度上限は約 700°C どまりである．しかし，ジェットエンジンや原子力製鉄などでは 1350～1500°C，発電用ガスタービンでは 1000°C 程度の耐熱性が要求され，超耐熱鋼の開発が望まれている．耐熱性を改善するためには，Fe，Ni，Co が中心金属で，高温強度と耐食性が重要となる．超耐食鋼に関しては，ステンレス鋼は，Cr 含有量 13 % の 13 Cr と 18-8（Cr 18 %，Ni 8 %）系のものをベースとして，C，Cr，Ni パーセントのコントロールや Ti，Nb，Mo，Cu などの特殊元素の添加が行われ，新しい鋼種が次から次へと開発されてきた．このうち，現状では，18-8 系ステンレス鋼が耐食性では最も優れている．ステンレス鋼の耐食性をさらに増すには，C，N を減らして純度を高めることが重要である．そのために，最近では真空-酸素脱炭法（vacuum-oxygen decarburization, VOD）とアルゴン-酸素脱炭法（argon-oxygen decarburization, AOD）が開発され，高純度のフェライト・ステンレス鋼が登場しつつある．その一つであるスーパー・フェライトステンレス鋼は，塩化物による応力割れに強く，SUS 304 や 316 よりも耐海水性や耐化学性に優れた材料として注目されている．液体水素（−253°C）や液体ヘリウム（−269°C）の貯蔵タンク，核融合炉，リニアモーターカーなどに使う材料には，超耐低温材料が必要となる．高強度でじん性や溶接性にすぐれた超耐低温用鋼として，Ni を添加するとともに，Ni の一部を Mn で置換したものが出現している．その他，鉄に 13 % Ni，3 % Mo，Ti を加えた合金も開発されている．

2.9 鋼の防錆法

　鋼の腐食には，表面が一様に腐食するものと，部分的に腐食するものに大別できる．

　鋼の腐食を防止する方法は，耐食性鋼の選択，耐食性の材料あるいは非金属による被覆，電気化学的防食工法などがある．

　金属材料の耐食性は，環境負荷に支配されるものであって，あらゆる環境で完全な耐食性を発揮する材料は存在しない．建設用材料は，環境による腐食に加え，振動，衝撃，繰返し応力，温度応力，キャビテーションなどの作用を受け，いわゆる腐食疲れや応力腐食の可能性が多分にある．したがって，耐食性酸化被膜や塩基性被膜，さらにはメッキなどの金属被覆によって，金属防食被膜を施しても，環境による腐食と外力との共存によって破損されやすい．

a. 非鉄金属による表面被覆

　防食のため，金属の表面被覆を施すために用いられている非鉄金属には，スズ（Sn），亜鉛（Zn）がある．

　(1) Sn　　常温では加工しやすく，腐食抵抗が大きく，水・酸素・炭素ガス，有機酸類にはほとんど侵されないので，他の金属材料の保護被膜としてどぶ浸け（hot dip）または電気メッキなどの方法で用いられる．ブリキは鉄板をどぶ浸けしてつくられたものである．

　(2) Zn　　常温ではもろいが，100～150℃で展・延性が増す．空気中では酸化しないで，湿度が高く，炭酸ガスがあれば表面に塩基性の炭酸塩の被膜をつくる．この被膜は酸化防止に有効であり，鉄板を亜鉛で被覆したトタン板（galvanized iron）はこれを利用した例である．溶融亜鉛にどぶ浸けする方法は，鋼構造部材や家屋の鉄骨の表面防錆に以前から用いられている．送電用鉄塔はその代表適用例である．

　(3) その他　　そのほかの鋼材の防錆法として，溶融Znあるいは Al，または溶融した Zn と Al の混合物を鋼材表面に噴射する金属溶射がある．

b. 電気化学的防食工法

　電気化学的防食工法としては，電気防食工法，脱塩工法，再アルカリ化工法，電着工法がある．これらの特徴を表2.8に示す．

表 2.8 電気化学的防食工法の特徴

	電気防食工法	脱塩工法	再アルカリ化工法	電着工法
通電期間	防食期間中継続	約8週間	約1～2週間	約6ヶ月間
電流密度	1～30 mA/m²	1 A/m²	1 A/m²	0.5～1 A/m²
通電電圧	1～5 V	5～50 V	5～50 V	10～30 V
電解液	—	Ca(OH)$_2$水溶液等	Na$_2$CO$_3$水溶液等	海水
期待される効果	腐食電池の抑制	塩化物イオン濃度の低減	アルカリ性の回復	ひび割れの閉塞とち密化

(1) 電気防食工法　コンクリート表面もしくは表面近傍のコンクリート中に陽極材を設置し，この陽極材からコンクリート中の鋼材（陰極）に向かって直流電流を継続的に流すことで鋼材の腐食反応を電気化学的に抑制し，コンクリート構造物の耐久性を向上させる工法である．防食電流の供給方法により①外部電源方式と②流電陽極方式に大別される．①の外部電源方式は，直流電源装置の＋極にコンクリート表面またはその近傍に設置した陽極システムを，－極に防食対象鋼材を接続し，防食電流（0.001～0.03 A/m²程度）を通電する．一方②の流電陽極方式は，コンクリート内部の鋼材よりも電気的に卑な金属の陽極システムをコンクリート表面またはその近傍に配置し，鋼材と接続させることで両者間の電位差を利用して防食電流を流し，防食を行う方式である．この方式では電源設備は不要であるが，陽極材が消耗するため定期的に取り替える必要がある．

(2) 脱塩工法　仮設陽極を設置して通電を行うことによって，コンクリート中に存在する塩化物イオンを電気泳動によって外部に移動させ，構造物の耐久性を向上させる工法である．通常，脱塩を行うための電流量は1 A/m²程度，約8週間の通電が一般的である．

(3) 再アルカリ化工法　中性化したコンクリートに仮設陽極（陽極材とアルカリ性溶液からなる）を設置し，陽極から鋼材（陰極）へ直流電流を流し，コンクリート中にアルカリ性溶液を電気浸透させてアルカリ性を回復させ，鋼材を再不動態化させる工法である．再アルカリ化を行う電流量は，通常1 A/m²程度で，1～2週間の通電が一般的である．

(4) 電着工法　仮設陽極を設置して通電を行うことによって，コンク

リートに発生したひび割れやコンクリート表面に無機質系物質を電気化学的に析出させ，ひび割れの閉塞やコンクリートのち密化をはかり，耐久性を向上させることを目的とした工法である．電着工法を行うための電流量は，通常海水中で $0.5\,\mathrm{A/m^2}$ 程度で，約 6 ヶ月の通電が一般的である．

演 習 問 題

2.1 鋼の定義，および鋼ができるまでの過程を示せ．
2.2 構造用鋼材にはどのようなものがあるか．
2.3 代表的な元素が鋼の性質に及ぼす影響を述べよ．
2.4 電気化学的防食法について述べよ．

3. セメント

3.1 セメントの歴史

　セメント（cement）の歴史はきわめて古く，現在のセメントに類似した粘結剤の使用は，古代エジプト，ギリシャ時代にさかのぼる．たとえば，エジプトのピラミッドやスフィンクスなどはこのような粘結剤を使用した史上最も古い現存構造物であるとされている．このような古代のセメントは，一般的には，焼石膏および石灰モルタルが使用され，非水硬性である．しかし，ギリシャ，ローマ時代においても石灰と火山灰を混合使用したものは水硬性であり，水中構造物の建造に利用できることが知られていた．

　近代セメントの出現は，18世紀の後半，イギリスで起こった産業革命に触発されてのことになる．1756年イギリス人 J.Smeaton は，自国のエジストーン灯台の修復にコンクリートの使用を考え，水硬性セメントの開発研究の結果，原料として粘土分を多く含んだ不純な石灰石が適していることを発見した．以後，J.Parker（英），J.Vicat（仏）らによって改良を加えられ，1824年イギリスの J.Aspdin が石灰石粉末と粘土の混合物を高温度下で焼成することによって水硬性セメントを製造し，ポルトランドセメントと命名し，特許を取得した．このように，ポルトランドセメントは石灰石や粘土などの原料を適当に調合し，高温焼成を行えば，均質で高強度を発揮し，従来の石灰モルタルあるいは天然セメントにない優れた特性を有することが確かめられるとともに，次第に一般に普及していった．

日本に初めてポルトランドセメントが輸入されたのは幕末の頃で，その製造技術が伝わったのは1868年（明治元年）である．1872年東京深川に官営のセメント製造所が設置され，1875年5月に初めてセメントが製造された．その後，わが国のセメント工業は，良質の原料が豊富に得られることも相まって次第に発展し，その生産量，製造技術，品質において世界のトップレベルにまで進展するにいたっている．

3.2 ポルトランドセメントの製造

a. 原材料

ポルトランドセメントの製造に必要な主原料は，石灰石と粘土である．おおむね石灰石4に対して粘土1の比率である．その他にセメントの凝結時間を調整するために約3％の石膏が加えられる．また，成分調整のためにケイ酸質原料（軟らかい石），酸化鉄原料（銅からみ，硫化鉄鉱からみ）などが使用される．

石灰石の主成分は$CaCO_3$であり，わが国では純度の高い石灰石原料にめぐまれている．粘土は，酸化アルミニウム，二酸化ケイ素（シリカ）の含有量の多い，ケイ酸質の粘土類やけつ岩が使用される．

これらの基本的原材料に加えて，セメント産業では，さまざまないわゆる産業廃棄物，副産物の活用が行われている．それらの処理方法として，アッシュダスト，石膏，諸スラグなどの原料としての活用，廃タイヤ，廃油などの燃料としての活用，高炉スラグ，フライアッシュなどの混合セメントの結合材としての活用などがある．

b. 製造工程

ポルトランドセメントの製造方法を大別すると，原料処理工程の違いから乾式法と湿式法があるが，最近ではエネルギー効率の観点からほとんどが乾式法によっている．セメントの製造工程は，原料，焼成，仕上げの3工程に大別される．

原料工程では，石灰石，粘土，ケイ石，酸化鉄原料などを正確に調合し，原料粉砕器で細かく粉砕し，エアブレンディングサイロで均一に混合される．次に焼成工程では，サスペンションプレヒーターで高温になった排ガスで予熱さ

れた原料粉末をロータリーキルンで1450°C前後まで加熱，半溶融状態になるまで焼成し，クリンカーとし，冷却，排出しタンクに貯蔵される．ロータリーキルンは直径4～6m程度，長さ50～80m程度の内部に耐火れんがを張った鋼鉄製の大円筒で，これが3～5％の傾斜で横たわり，1分間に2～3回の速さで回転する．原料は上端から送入され，下端からは微粉炭などの燃料をバーナーで吹き込んで燃焼する．原料はキルンの回転とともに徐々に移動しながら焼成され，出口付近で最高温度になる．冷却されたクリンカーは，直径10mm程度の塊状で，これに3～4％の石膏を加えて仕上げ粉砕機によって粉砕されてポルトランドセメントとなる．

3.3 ポルトランドセメントの組成および化学成分

ポルトランドセメントを構成する主要化合物は，ケイ酸カルシウムの化合物である「エーライト」，「ビーライト」および間隙相を形成する「アルミネート相」，「フェライト相」の4種類である．各化合物の化学式，略号を表3.1に示す．

C_3S は C_3A に比べると水和は遅いが，短期・長期とも水和による強さの発現が大きい．水和熱は C_3A についで大きい．化学抵抗性，乾燥収縮に及ぼす影響は中程度である．C_2S は C_3S よりも水和が遅いが長期にわたって強さが増進する．水和熱あるいは収縮は少なく，28日以降の強さに影響を与えるといわれている．C_3A は水和速度は最も速く，水と接すると急速に水和し，瞬結性を示す．石膏を添加するのはこの現象を緩和するためである．水和熱も最

表 3.1 クリンカーを構成している化合物

クリンカーの構成化合物		化学組成	備 考
ケイ酸カルシウム	エーライト	$3CaO \cdot SiO_2$ (C_3S)	微量のアルミニウム，鉄，マグネシウム，ナトリウム，カリウム，チタン，マンガンなどを含んでいる
	ビーライト	$2CaO \cdot SiO_2$ (C_2S)	
間 隙 相	アルミネート相	$3CaO \cdot Al_2O_3$ (C_3A)	少量のシリカ，マグネシウム，ナトリウム，カリウムなどを含んでいる
	フェライト相	$4CaO \cdot Al_2O_3 \cdot Fe_2O_3$ (C_4AF)	

(セメント協会編：セメントの常識より)

表 3.2　セメントの主要化合物のセメントの諸性質におよぼす作用

項　目		C_3S	C_2S	C_3A	C_4AF
強度発現	短期	大	小	大	小
	長期	大	大	小	小
水和熱		中	小	大	小
化学抵抗性		中	大	小	中
乾燥収縮		中	小	大	小

も大きい．収縮は大きく，化学抵抗性は比較的低い．C_4AF は，水和速度が遅く，水和熱および短期，長期の強さも低い．化学抵抗性が大きく，低発熱，低収縮である．これらの成分のおよその作用傾向を表 3.2 に示す．

3.4　ポルトランドセメントの一般的性質

a．水和および水和熱

セメントが水と接するとセメント中の水硬性化合物と水が化学反応を開始する．この反応を水和反応（hydration）と呼ぶ．水和反応は，セメントの粉末度，水量，温度など多くの要因によって影響を受け，きわめて複雑な反応過程を示す．さらに水和生成物は時間とともにその化学組成が変化する傾向があるので，正確に表すことは困難であるが，概略的には図 3.1 のようになる．セメントの水和物の大部分は，C–S–H という記号で包括的に表される種々の組成と結晶度をもつケイ酸カルシウム水和物と水酸化カルシウムで，残りは，アルミン酸カルシウム水和物，アルミン酸硫酸カルシウム水和物などである．

セメントの水和反応によって発生する熱を水和熱と呼ぶ．水和熱は，3.3 節

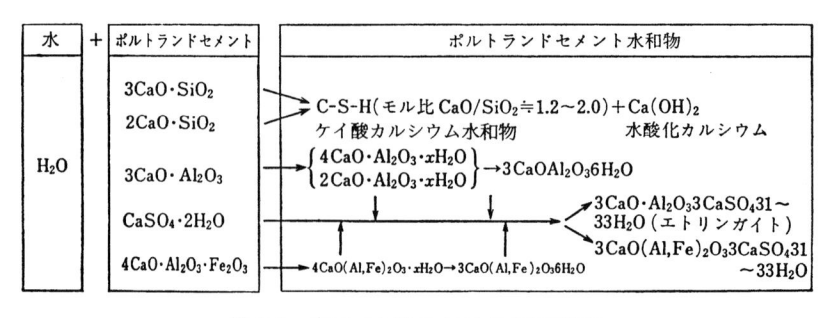

水 +	ポルトランドセメント	ポルトランドセメント水和物
H_2O	$3CaO \cdot SiO_2$	→ C–S–H（モル比 $CaO/SiO_2 \fallingdotseq 1.2 \sim 2.0$）+ $Ca(OH)_2$
	$2CaO \cdot SiO_2$	ケイ酸カルシウム水和物　　　水酸化カルシウム
	$3CaO \cdot Al_2O_3$	$\begin{cases} 4CaO \cdot Al_2O_3 \cdot xH_2O \\ 2CaO \cdot Al_2O_3 \cdot xH_2O \end{cases} \to 3CaOAl_2O_3 6H_2O$
	$CaSO_4 \cdot 2H_2O$	→ $3CaO \cdot Al_2O_3 3CaSO_4 31 \sim 33H_2O$（エトリンガイト）
	$4CaO \cdot Al_2O_3 \cdot Fe_2O_3$	→ $4CaO(Al,Fe)_2O_3 \cdot xH_2O \to 3CaO(Al,Fe)_2O_3 6H_2O$ $3CaO(Al,Fe)_2O_3 3CaSO_4 31 \sim 33H_2O$

図 3.1　ポルトランドセメントの水和の説明

で述べたようにセメントの化合物組成によって異なるほか，粉末度，水セメント比などの影響も受ける．セメントの水和反応は，酸化カルシウムの場合などとは比較にならないほど徐々に進行するので，発生した熱量の大部分は放散するが，ダムなどのように大きな体積をもった構造物などにおいては，熱が構造物内部に蓄積し，表面部分などとの間に温度差が生じ，ひび割れの原因となる．一方，寒冷地などにおける工事では，水和熱の発生によって，コンクリートが温まり，凍結防止の効果がある．

b．凝結・硬化および強度

セメントに水を加えて練り混ぜると，セメントの水硬性化合物の表面はただちに水和を開始する．なかでも，C_3A は最も水和が速いが，石膏はただちに C_3A の表面に微細なエトリンガイトからなるち密な被膜をつくり，C_3A の水和を抑制して急結を防ぐ．一方，C_3S も水と接するとただちに水和を開始するが，まもなく表面に水和物の薄い膜ができて水和反応は低調になる．注水後10分くらいから4～5時間ぐらいまではこのような状態が続く．このような状態の中で，ある時間経過すると，セメントペースト体は多少荷重が作用しても流動しなくなる．このときセメントペーストは凝結（setting）したという．JIS R 5201 では，この凝結を始発（initial set）と終結（final set）に分けて測定する方法を規定しているが，これらは，コンクリートの輸送，打設，締固め作業などにとって重要な指標ではあるが，化学的にこれらを特徴づけるような特別な反応が起こっているわけではない．

凝結後十数時間にわたって C_3S の活発な水和反応が起こり，セメント粒子間隔は生成する C−S−H などによって密に埋められ，次第に硬化が進む．

このように，繊維状，針状，薄片状のセメントゲルの微細な結晶が大きい表面エネルギーによって互いに凝集，交錯して密実なゲルの網状構造を形成し，さらに反応の進行にともなって相互の結合が強化され強度が発現していく．

硬化セメントペーストの強さは，ゲルを構成するゲル粒子間の化学結合およびファン・デル・ワールス力によって発揮される．したがって，セメントペーストの強さは，ペースト中に占めるセメントゲルの割合，逆にいえばセメントペースト中に存在する毛細管空隙の量や分布に支配される．材齢が進むにしたがって強さが増進するのは，生成したセメントゲルがもとのセメント粒子が占

めていた場所を埋めるとともに，体積の増加分だけ毛細管空隙を満たし，ペースト全体の空隙率を低下させるからである．

c．収　縮

セメントペーストの収縮には，水和にともなう化学的収縮，乾燥による収縮，炭酸化による収縮などがある．これらのうち，量的に大きく最も問題となるのは乾燥収縮で，これによって生ずる部分的な応力が硬化体にひび割れを発生させる原因となる．セメントペーストの乾燥収縮は，毛細管空隙に存在する水および一部ゲル粒子の表面に吸着されている水が乾燥によって蒸発するとともに，毛細管水の表面張力が大となって収縮することによって生ずる．したがって，逆に湿度が高くなると毛細管に水を吸着し，表面張力が小さくなって膨張する．このセメント硬化体の乾燥収縮量は，セメントの組成，粉末度，石膏の添加量，混和材料の有無，水セメント比，養生条件などの影響をうける．

d．セメントの風化

セメントは，貯蔵中に空気に触れると，湿気を吸って軽微な水和反応を起こし，同時に空気中の CO_2 を吸収する．これが水和生成物と反応して，比重が低下し，凝結も遅くなり，強度の低下をきたす．このようなセメントの品質の劣化現象を風化（aeration）という．

風化の過程を化学式で説明すると以下のようになる．ポルトランドセメント中の遊離カルシウム CaO と C_3S は空気中の水分と反応して，それぞれ

$$CaO + H_2O \rightarrow Ca(OH)_2$$

$$2(3\,CaO\cdot SiO_2) + 6\,H_2O \rightarrow 3\,CaO\cdot 2\,SiO_2 + 3\,Ca(OH)_2$$

となり，$Ca(OH)_2$ を生ずる．これが，空気中の CO_2 を吸収して

$$Ca(OH)_2 + CO_2 \rightarrow CaCO_3 + H_2O$$

となる．このような反応が連鎖的に起こって風化が進行する．普通の貯蔵状態では，1ヵ月の間にセメントの強さは 5～10％程度ずつ低下するといわれている．

3.5　セメントの種類とその特徴

a．ポルトランドセメント

ポルトランドセメントを構成する主要四化学成分は，それぞれ異なった水和

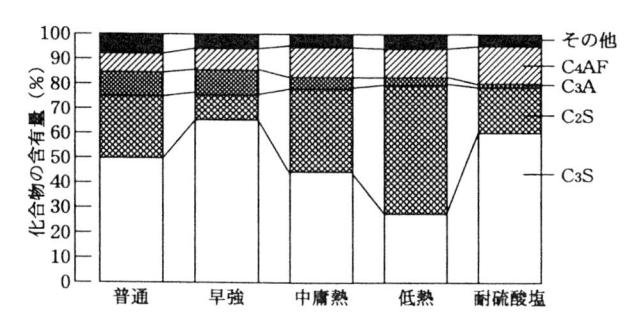

図 3.2　ポルトランドセメントの化学成分の構成
（セメント協会編：セメントの常識より）

過程を経て異なった水和生成物を形成する．したがって，それらの構成比率を変えることによって種々の用途に適したポルトランドセメントをつくることができる．

　現在，ポルトランドセメントとして，普通，早強，超早強，中庸熱，耐硫酸塩および低熱の 6 種類が JIS R 5210 に規定されている．それぞれのポルトランドセメントの主要化合物のおよその構成比率を図 3.2 に示す．

（1）　普通ポルトランドセメント　　一般のコンクリート工事やコンクリート二次製品の製造用に幅広く使用されているもので，現在，国内で使用されるセメントの約 75 ％ がこのセメントである．

（2）　早強ポルトランドセメント　　普通ポルトランドセメントよりも C_3S を多くし，微粉砕したセメントで，短時間で高い強度が得られる．普通ポルトランドセメントが材齢 3 日で発現する強度をおおむね 1 日で，7 日で発現する強度をおおむね 3 日で達成する．プレストレストコンクリート，コンクリート製品，冬期工事，緊急工事などに用いられる．

（3）　超早強ポルトランドセメント　　早強ポルトランドセメントよりもさらに C_3S を多くし，C_2S を少なくして微粉砕したセメントで，早強セメントの 3 日強さを 1 日で発現できる．緊急工事，冬期工事，グラウト用などに用いられる．

（4）　中庸熱ポルトランドセメント　　水和熱を小さくするために C_3S と C_3A を少なくし，その分 C_2S を多くしたセメントである．強さは，普通ポルトランドセメントと比べて短期では低いが長期では同等かあるいはやや大きく

なることが多い．乾燥収縮は小さく，また，耐硫酸塩性や耐酸性も大きい．ダム，地下構造物，道路舗装用コンクリートに用いられる．

(5) **耐硫酸塩ポルトランドセメント**　セメント中の C_3A の含有量を4％以下に抑え硫酸塩に対する抵抗性を高めたセメントである．強さは，材齢28日では普通ポルトランドセメントと中庸熱ポルトランドセメントのほぼ中間である．土壌，地下水，工場排水などに硫酸塩が多く含まれる場合に用いられる．

(6) **低熱ポルトランドセメント**　C_3S を極端に少なくし，C_2S の含有量を40％以上にして，中庸熱ポルトランドセメントよりさらに水和熱を低くしたセメントである．初期材齢での強さは低いが，長期強さは大きく，コンクリートの低熱性，高強度性，高流動性を実現するために開発されたセメントである．高ビーライト系セメントと称されている．

b. 混合セメント

混合セメントは，ポルトランドセメントクリンカーと石膏のほかに，高炉スラグ，シリカ質混合材，フライアッシュなどを混合粉砕したもので，現在，JIS では高炉セメント（JIS R 5211），シリカセメント（JIS R 5212），フライアッシュセメント（JIS R 5213）が規格化されている．基本的に，混合セメントは，省エネルギー，省資源的な材料といえる．

(1) **高炉セメント**　銑鉄の製造の際に高炉から排出される溶融スラグを急冷砕した高炉水滓を混合材とするものである．高炉水滓は，そのままでは水硬性ではないが，ポルトランドセメントの水和によって生成した $Ca(OH)_2$ あるいは石膏などの刺激材の化学作用によって水和し硬化する性質（潜在水硬性）を持っている．したがって潜在水硬性を持たない混合材を用いた混合セメントと比較して混合材の含有量を大きくすることができる．JIS R 5211 では，高炉スラグの含有量が30％以下，30～60％，60～70％の3種が規定されており，それぞれ A 種，B 種，C 種と分類されている．一般に高炉セメントを用いたコンクリートの強度は，普通ポルトランドセメントを用いた場合と比較して，初期では小さく，4週以上の長期強度が同等あるいは大きくなる．さらに，耐化学薬品性に優れている，水和熱が低い，水密性が高いなどの特徴を持っており，ダム，河川，港湾工事など主として土木工事に用いられる．

（2） シリカセメント　　混合材として天然産のシリカ質混合材を用いたセメントである．シリカ質混合材は，Ca(OH)$_2$ と化学反応し，その結果結合力を有する非水溶性のケイ酸カルシウム化合物およびアルミン酸カルシウム化合物を生成する．このような物質をポゾランと呼ぶ．混合材の混入割合によって，A 種（5～10 %），B 種（10～20 %），C 種（20～30 %）の 3 種に分類されている．水密性が高く，石灰分の溶出を減ずるので耐久性に富み，構造用コンクリートに用いられるが，現在製造されているのはごくわずかである．

（3） フライアッシュセメント　　フライアッシュは，石炭火力発電所で完全燃焼し溶融状態になった灰分をサイクロトロン，電気集じん機などで捕集したポゾラン材料の一つで，きわめて微細（粒径 1～10 μm）な球形をしているものである．これを混合材としたものがフライアッシュセメントで，混入割合により，A 種（5～10 %），B 種（10～20 %），C 種（20～30 %）に分けられる．このセメントを用いたコンクリートは，ワーカビリティーがよく，使用水量が減少する，水和熱が低い，乾燥収縮が小さい，海水などに対する耐化学性が大きい，水密性が良好である，などの特徴を有しており，ダム建設工事などに用いられる．

c．特殊セメント

（1） アルミナセメント　　ボーキサイトと石灰石を原料として電気炉，ロータリーキルンなどで溶融あるいは焼成してつくられる．その主成分は CA (CaO・Al$_2$O$_3$) である．注水後 6～12 時間で普通セメントの 28 日強さ程度を発揮するが，温度が高い場合には水和物の転移によって強さが低下するので注意が必要である．緊急工事，寒冷期の工事，耐火物，化学工場などに用いられる．

（2） 超速硬セメント　　超早強セメントよりもさらに急速に硬化するようにアルミン酸カルシウム含有量と石膏などの添加量を調節したセメント．水と混合した後，2～3 時間で 10 N/mm^2 程度の強度が得られる．ジェットセメントと呼ばれることもある．緊急工事，コンクリート二次製品，吹き付けコンクリート，グラウトなどに用いられる．

（3） 膨張セメント　　硬化中にコンクリートに膨張を起こさせて乾燥収縮を防止するか，さらには乾燥収縮を相殺する以上の大きな膨張を与えて，コン

クリートにケミカルプレストレスを導入することを目的として使用する．わが国では，現在カルシウムサルフォアルミネート（CSA）系と石灰系の膨張材が混合されている．最近では，混合材を膨張セメントとして用いるよりも，膨張量を自由に調節するための混和材料として使用するほうが多くなっている．

（4） エコセメント セメント産業は，従来から原料として，燃料として，あるいは混合セメントの混合材として，多くの産業廃棄物・副産物を活用してきた．最近，さらに積極的に廃棄物を原材料として利用することにより，環境浄化機能を発揮する静脈産業としての役割を担っていくことが求められつつある．その具体化の試みの一つとしてエコセメントの開発があげられる．ここでいうエコセメントとは，都市ごみを消却した際に発生する灰を主とし，必要に応じて下水汚泥等の廃棄物をセメントクリンカーの原料に用いたセメントであり，都市ごみの資源化だけでなく，焼却灰に含まれる有害物質の無害化および重金属類の回収も可能にした製造システムが開発されてきている．

エコセメントは塩化物イオンを多量に含む焼却灰等を原料として製造されるため，開発当初は速硬形のセメント（塩化物イオン $0.5\sim1.5\%$ 含有）であり，

表3.3 エコセメントの品質（JIS R 5214）

品質／種類		普通エコセメント	速硬エコセメント
密度（g/cm³）		—*	—*
比表面積（cm²/g）		2 500 以上	3 300 以上
凝結 (h-m)	始発 終結	1-00 以上 10-00 以下	— 1-00 以下
安定性	パット法 ルシャテリエ法（mm）	良 10 以下	良 10 以下
圧縮強さ (N/mm²)	1 d 3 d 7 d 28 d	— 12.5 以上 22.5 以上 42.5 以上	15.0 22.5 以上 25.0 以上 32.5 以上
酸化マグネシウム（％）		5.0 以下	5.0 以下
三酸化硫黄（％）		4.5 以下	10.0 以下
強熱減量（％）		3.0 以下	3.0 以下
全アルカリ（％）		0.75 以下	0.75 以下
塩化物イオン（％）		0.1 以下	0.5 以上 1.5 以下

＊：測定値を報告する．

表3.4 普通エコセメントの用途例

コンクリート種類		構造物および製品の種類
鉄筋コンクリート	現場打ち	擁壁，橋梁下部工等
	プレキャスト製品	道路用鉄筋コンクリートL形側溝，道路用上ぶた式U形側溝，組立土留め，下水道用マンホール側塊，フリューム，ケーブルトラフ，道路排水用組合わせ暗渠ブロック，鉄筋コンクリートL型擁壁，ボックスカルバート等
無筋コンクリート	現場打ち	園路等の舗装，重力式擁壁，重力式橋台，法枠，消波ブロック，消波根固めブロック，中埋めコンクリート，道路付属物基礎，集水桝基礎等
	プレキャスト製品	道路用境界ブロック，積みブロック，インターロッキングブロック，張りブロック，舗装用平板，道路用コンクリートL形側溝，連節ブロック，法枠ブロック，大形積みブロック等
捨てコンクリート等		捨てコンクリート，均しコンクリート，裏込めコンクリート

用途は無筋コンクリートに限られていた．しかしその後，脱塩素化技術により塩化物イオン量を低減できるようになり，普通ポルトランドセメントに近い性状を有するエコセメントの製造が可能となっている．

このエコセメントは，2002年にJIS R 5214「エコセメント」として規格化され，そこでは"ごみ焼却灰，下水汚泥等の廃棄物を製品1tにつき500kg以上使用してつくられるセメント"と規定している．また塩化物イオン量をセメント質量の0.1％以下に低減した「普通エコセメント」と，塩化物イオンをクリンカー鉱物として固定し，塩化物イオン量をセメント質量の0.5～1.5％にした「速硬エコセメント」とに区別される（表3.3）．普通エコセメントの用途例を表3.4に示す．

3.6 セメントの物理的性質

a．密　度

普通ポルトランドセメントの密度（density）は，約3.15 g/cm³である．密度はクリンカーの焼成が不十分なとき，あるいは風化の進行によって低下する．また，混合物（高炉スラグやフライアッシュなど）を添加することによっても密度は低下する．したがって，混合セメントの密度はポルトランドセメントの密度より一般に小さい．密度は，コンクリートの理論単位質量の計算，配合設計などに必要である．セメントの密度の測定にはルシャテリエ比重びんを

表 3.5 ポルトランドセメント

項目		番号 種別 種類	JIS R 5210-2003 ポルトランドセメント					
			普通	早強	超早強	中庸熱	低熱	耐硫酸塩
比表面積(cm²/g)			≧2500	≧3300	≧4000	≧2500	≧2500	≧2500
凝結	始発(min)		60以後	45以後	45以後	60以後	60以後	60以後
	終点(h)		10以内	10以内	10以内	10以内	10以内	10以内
安定性	パット法							
	ルシャテリエ法(mm)							
圧縮強さ(N/mm²)		1日	—	≧6.5	≧13.0	—	—	—
		3日	≧7.0	≧13.0	≧20.0	≧5.0	—	≧7.0
		7日	≧15.0	≧23.0	≧28.0	≧10.0	≧7.5	≧14.0
		28日	≧30.0	≧33.0	≧35.0	≧23.0	≧22.5	≧28.0
		91日	—	—	—	—	≧42.5	—
水和熱(J/g)		1日	—	—	—	≦290	≦250	—
		28日	—	—	—	≦340	≦290	—
酸化マグネシウム(%)			≦5.0	≦5.0	≦5.0	≦5.0	≦5.0	≦5.0
三酸化硫黄(%)			≦3.0	≦3.5	≦4.5	≦3.0	≦3.5	≦3.0
強熱減量(%)			≦3.0	≦3.0	≦3.0	≦3.0	≦3.0	≦3.0
全アルカリ(%)			≦0.75	≦0.75	≦0.75	≦0.75	≦0.75	≦0.75
塩化物イオン(%)			≦0.02	≦0.02	≦0.02	≦0.02	≦0.02	≦0.02
ケイ酸三カルシウム(%)			—	—	—	≦50	—	—
ケイ酸二カルシウム(%)			—	—	—	—	≧40	—
アルミン酸三カルシウム(%)			—	—	—	≦8	≦6	≦4
混合材の分量(wt%)			5以下	—	—	—	—	—

表 3.6 各種セメントの物理試験結果

セメントの種類		密度(g/cm³)	粉末度	
			比表面積(cm²/g)	90μm 残分(%)
ポルトランドセメント	普通	3.15	3380	0.5
	早強	3.13	4580	0.1
	中庸熱	3.22	3200	0.5
	低熱	3.22	3248	—
高炉セメント	B 種	3.04	3990	0.3
フライアッシュセメント	B 種	2.97	3430	1.0

3.6 セメントの物理的性質

および混合セメントの JIS 規格

JIS R 5211-2003			JIS R 5212-1997			JIS R 5213-1997		
高炉セメント			シリカセメント			フライアッシュセメント		
A 種	B 種	C 種	A 種	B 種	C 種	A 種	B 種	C 種
≧3000	≧3000	≧3300	≧3000	≧3000	≧3000	≧2500	≧2500	≧2500
60 以後 10 以内	60 以後 10 以内	60 以後 10 以内	60 以後 10 以内	60 以後 10 以内	60 以後 10 以内	60 以後 10 以内	60 以後 10 以内	60 以後 10 以内
良								
10 以下								
—	—	—	—	—	—	—	—	—
≧7.0	≧6.0	≧5.0	≧7.0	≧6.0	≧5.0	≧7.0	≧6.0	≧5.0
≧15.0	≧12.0	≧10.0	≧15.0	≧12.0	≧10.0	≧15.0	≧12.0	≧10.0
≧30.0	≧29.0	≧28.0	≧30.0	≧26.0	≧21.0	≧30.0	≧26.0	≧21.0
—	—	—	—	—	—	—	—	—
—	—	—	—	—	—	—	—	—
—	—	—	—	—	—	—	—	—
≦5.0	≦6.0	≦6.0	≦5.0	≦5.0	≦5.0	≦5.0	≦5.0	≦5.0
≦3.5	≦4.0	≦4.5	≦3.0	≦3.0	≦3.0	≦3.0	≦3.0	≦3.0
≦3.0	≦3.0	≦3.0	≦3.0	—	—	≦3.0	—	—
—	—	—	—	—	—	—	—	—
—	—	—	—	—	—	—	—	—
—	—	—	—	—	—	—	—	—
—	—	—	—	—	—	—	—	—
5 超え 30 以下	30 超え 60 以下	60 超え 70 以下	5 超え 10 以下	10 超え 20 以下	20 超え 30 以下	5 超え 10 以下	10 超え 20 以下	20 超え 30 以下

(JIS R 5201-2003) および水和熱試験結果 (JIS R 5203-1995)

水量 (%)	凝結		圧縮強さ (N/mm^2)					水和熱 (J/g)	
	始発 (h-min)	終結 (h-min)	1日	3日	7日	28日	91日	7日	28日
28.1	2-21	3-11	—	28.7	43.5	60.8	68.6	—	—
30.5	2-05	2-52	26.8	45.1	54.3	64.3	—	—	—
28.1	4-07	5-22	—	20.0	28.9	50.6	65.8	257	313
26.6	3-28	5-05	—	11.6	17.0	40.5	71.8	196	258
29.5	2-54	3-51	—	19.8	32.5	57.1	74.1	—	—
28.1	3-09	4-04	—	23.5	36.4	53.1	69.9	—	—

用い，セメントの容積を精製鉱油で置換してもとめる．

b．粉末度

粉末度（fineness）とは，セメント粒子の細かさの程度を示すもので，粉末度の高いセメントほど，水と接触する表面積が増加し，水和が速くなり初期強さが大きくなる．また，粉末度の高いセメントは，ワーカブルなコンクリートが得られるが，収縮が大きくなりがちで，さらに風化しやすい．

JISでは，セメントの粉末度測定にブレーン空気透過法（blaine method）（JIS R 5201）を用い，粉末度を比表面積（specific surface area）で表すことになっている．

c．凝結時間

セメントの水和反応の進行にともない，セメントペーストは次第に流動性を失っていく．この過程を定量的に評価する方法として，JIS R 5201においては，ビカー（Vicat）針装置を使用してセメントの始発時間（initial set），終結時間（final set）を測定する方法が規定されている．JISでは，始発は60分以降，終結は10時間以内と規定されているが，実際には，始発は1.5〜3時間，終結は3〜6時間程度である．一般に凝結時間（time of setting）は，水量が少ないほど，温度が高いほど，粉末度が高いほど短くなる．また，石膏の形態と量，化学成分（特にC_3Aの量），風化の程度，混和剤の添加なども凝結時間に大きな影響を与える．

d．安定性

安定性（soundness）とは，セメントの凝結終了後に容積が膨張し，ひび割れやひずみを生ずる程度をいう．不安定の原因には，クリンカーの焼成不十分や，クリンカー中の遊離カルシウム，酸化マグネシウム，三酸化硫黄などが考えられている．

e．強さ

セメントの強さ（strength）は，セメントペースト硬化体自体の強さではなく，標準砂を用いて作成されたモルタルの強さで評価される（JIS R 5201）．

JISに規定されているセメントの品質規格を表3.5に示す．また，各種セメントの物理試験結果の例を表3.6に示す．

演 習 問 題

3.1 セメントの水硬性化合物（C_3S, C_2S, C_3A, C_4AF）の特性を比較せよ．
3.2 ポルトランドセメント（普通，早強，中庸熱）の化学組成と主な性質を比較して示せ．
3.3 高炉セメントの特性および潜在水硬性について説明せよ．
3.4 セメント産業における産業および都市廃棄物，副産物の再利用の現況について述べよ．

4. 混和材料

4.1 概　　説

　混和材料（admixture）は，コンクリートを構成するセメント，水，骨材以外の材料で，必要に応じて適宜混和し，混和しない場合には得がたい特性をコンクリートに付与する材料である．しかし，最近におけるコンクリート用材料の変化・発展，コンクリートに対する要求性能の多様化，混和材料そのものの著しい発展等の経緯を得て，現在では，混和材料はコンクリートの製造にとって不可欠の材料となっている．一般に，混和材料のうち使用量が比較的多いものを混和材，少ないものを混和剤と称している．

　また，混和材のほとんどは，産業副産物ないしは廃棄物を有効利用するもので，資源の保全・リサイクル，環境問題をも念頭に置いた，いわゆる"持続可能な発展"に貢献する材料といえる．

　混和材料をその機能別に分類すると表4.1のようになる．

4.2 混　和　材

a．フライアッシュ

　フライアッシュ（fly ash）は，石炭火力発電所において微粉炭燃焼方式や加圧流動床燃焼方式のボイラーの排気ガス中に含まれる灰を集塵機で捕集したもので，コンクリート用混和材としては，この微粉そのものあるいは分級処理したものが用いられている．フライアッシュは人工ポゾランの一種で，球状であ

4.2 混和材

表 4.1 混和材料の分類

混和材	・ポゾラン活性が利用できるもの	フライアッシュ，シリカフューム，火山灰，ケイ酸白土，ケイ藻土
	・主として潜在水硬性が利用できるもの	高炉スラグ微粉末
	・硬化過程において膨張を起こさせるもの	膨張材
	・オートクレープ養生によって高強度を生じさせるもの	ケイ酸質微粉末
	・着色させるもの	着色材
	・流動性を高めたコンクリートの材料分離やブリーディングを減少させるもの	石灰石微粉末
	・その他	高強度用混和材，間隙充てんモルタル用混和材，ポリマー，増量材など
混和剤	・ワーカビリティー，耐凍害性などを改善させるもの	AE剤，AE減水剤
	・ワーカビリティーを向上させ，所要の単位水量および単位セメント量を減少させるもの	減水剤，AE減水剤
	・大きな減水効果が得られ，強度を著しく高めることも可能なもの	高性能減水剤，高性能AE減水剤
	・所要の単位水量を著しく減少させ，耐凍害性も改善させるもの	高性能AE減水剤
	・配合や硬化後の品質を変えることなく，流動性を大幅に改善させるもの	流動化剤
	・粘性を増大させ，水中においても材料分離を生じにくくさせるもの	水中不分離性混和剤
	・凝結，硬化時間を調節するもの	促進剤，急結剤，遅延剤，打継ぎ用遅延剤
	・気泡の作用により充てん性を改善したり質量を調節するもの	起泡剤，発泡剤
	・増粘または凝集作用により，材料分離を制御させるもの	ポンプ圧送助剤，分離低減剤，増粘剤
	・流動性を改善し，適当な膨張性を与えて充てん性と強度を改善するもの	プレパックドコンクリート用混和剤，高強度プレパックドコンクリート用混和剤，間げき充てんモルタル用混和剤
	・塩化物による鉄筋の腐食を制御させるもの	鉄筋コンクリート用防錆剤
	・その他	防水剤，防凍剤，耐寒剤，乾燥収縮低減剤，水和熱制御剤，粉じん低減剤など

（土木学会編：コンクリート標準示方書より）

ることから，セメントに混和して使用するとモルタルやコンクリートのワーカビリティーは著しく改善される．また，水和熱を減少し，水密性を増大するほかに，海水などに対する化学抵抗性の向上，アルカリ骨材反応の抑制などの利点がある．フライアッシュの化学成分は，ポゾラン反応に関係する二酸化ケイ

素（SiO_2）が約 60% を占め，このほかに酸化アルミニウム（Al_2O_3），酸化鉄（Fe_2O_3），炭素（C）などを含んでいる．フライアッシュは，強熱減量と粉末度とこれらの影響を受けるフロー値比と活性度指数とを組み合わせた4種類の等級化で規格化されている．

b. 高炉スラグ微粉末

高炉スラグ（blast furnace slag）は，溶鉱炉で銑鉄と同時に生成する溶融状態のスラグを水によって急冷したもので，アルカリや硫酸塩などの刺激によって硬化する性質，いわゆる潜在水硬性を有している．高炉スラグ微粉末は，高炉水砕スラグを乾燥・粉砕したもの，またはこれに石こうを混和したものとがある．高炉スラグ微粉末をコンクリートに混和すると，基本的には高炉セメントを用いたものと同じような特性を発揮する．

c. シリカフューム

シリカフューム（silica fume）は，シリコンメタルあるいはフェロシリコンなどの窒素合金を精錬する際に集塵装置に捕集される球形の超微粒子（平均粒径は約 $0.1\mu m$）の産業廃棄物で，強いポゾラン反応を示す材料である．これを後述する高性能 AE 減水剤と併用すると高強度，高耐久性のコンクリートが得られ，特に高強度コンクリートの製造には必須の材料となっている．

d. 膨張材

膨張材は，セメントと水とを練り混ぜると，水和反応によってエトリンガイトや水酸化カルシウムを生成し，モルタルまたはコンクリートを膨張させる作用を有する材料である．

我が国では現在エトリンガイトの生成を目的としたカルシウムサルフォアルミネート（CSA）系と酸化カルシウムの水和膨張を期待した石灰系とがあり，乾燥収縮の補償や充填性の向上，さらには使用量を増やしたケミカルプレストレストコンクリートの製造にも用いられている．

e. その他の混和材

最近用いられている混和材としては，石灰石微粉末，砕石微粉末，スラッジ粉，下水汚泥微粉末，ポリマーおよび剥離防止用繊維材などがある．

4.3 混和剤

a. AE剤

AE剤（air entraining agent）は，コンクリート中に多数の独立した微細な空気泡を一様に分布させ，コンクリートのワーカビリティーおよび耐凍害性などの性質を向上させるために用いられる混和剤である．AE剤は界面活性剤に属し，その化学成分からカルボン酸系（樹脂系），硫酸エステル系，スルホン酸（アルキルベンゼンスルホン酸）系，エーテル・エステルエーテル系，イミダゾリン系などに分類される．また，界面活性剤は，水溶液中の電離によって陰イオン（アニオン），陽イオン（カチオン），非イオン（ノニオン）および両性のものに分類されるが，AE剤にはアニオン系とノニオン系がおもに用いられている．

これらのAE剤は，いずれもコンクリート中に微細で独立した球形の気泡（$10 \sim 250 \mu m$）を均一に連行するが，有効にはたらく径は $20 \sim 50 \mu m$ 程度で，さらに気泡分布や気泡間隔はワーカビリティーや凍結融解に対する抵抗性に影響を及ぼすことが認められている．なお，AEコンクリートの諸性質については6章において詳しく述べる．

b. 減水剤・AE減水剤

減水剤（water reducing agent）は，所要の流動性（スランプ）を得るのに必要な単位水量を減少させるために用いる混和剤，AE減水剤はAE剤と減水剤との両方の使用効果を兼ね備えた混和剤である．これら剤の減水作用は，界面活性作用のうち分散性と気泡性によるもので，このうち分散作用は，セメントペーストに減水剤を混和すると，凝集してフロック状態となっているセメント粒子の表面に電離した陰イオンが吸着して，静電気的に活性化し，セメント粒子が互いに反発して個々に分散する作用である．減水剤・AE減水剤の使用によって，フレッシュコンクリートのワーカビリティーを改善し，セメント効率が増し，硬化したコンクリートの強度や凍結融解に対する抵抗性が増大する．さらに単位水量が減少するので，水密性や耐化学薬品性を向上させ，乾燥収縮を減少させる効果もある．

減水剤・AE減水剤には，リグニンスルホン酸塩系，ヒゾロキシ塩（カルボ

キシル基とヒゾロキシ基をもつ有機塩類）系と多糖類（ポリオール複合体）などの陰イオン系のものが多い．また，減水剤・AE減水剤には，その凝結・硬化時間によって標準型，遅延型，促進型の3つの型がある．

c．高性能減水剤・高性能AE減水剤

高性能減水剤（high performance water reducing agent, superplasticizer）は，従来の減水剤に比してセメント分散性に優れているので減水率ははるかに大きく，さらに高い添加率で使用しても凝結・硬化の遅延や過剰な空気の連行性および強度の低下などの悪影響をもたらさない混和剤である．高性能AE減水剤は，高い減水性能と良好な流動性の保持性能，さらには高耐久性能に欠かせない空気の連行性を併せ持つ混和剤である．高性能減水剤は，化学構造からナフタリン系，メラミン系，アミノスルホン酸系，ポリカルボン酸系，ポリエーテル系などに分類される．一方，高性能AE減水剤は，優れた分散保持性能を有する4種類の有機系剤に，流動性保持するための反応性高分子やスルホン酸塩を共重合させたもので，今日ではポリカルボン酸系が高性能AE減水剤の主流として多く使用されている．

高性能AE減水剤はその特徴を生かし，高流動やセルフレベリングコンクリート，高強度コンクリート，水中不分離性コンクリート，その他の特殊コンクリートなどに広く使用され，コンクリートの高性能化に貢献している．

d．遅延剤・促進剤・急結剤

高温時のコンクリートの施工や大量のコンクリートの同時施工などの場合には，セメントの凝結時間を遅らせることが求められる．遅延剤は，このような場合に，コンクリートの凝結・硬化時間を遅らせて，施工上の問題を有利に解決するために使用する材料である．原材料には，無機系のケイフッ化物，ホウ酸類，リン酸類，有機系のオキシカルボン酸塩類，リグニンスルホン酸塩類などがある．

促進剤は，コンクリートの凝結・硬化時間を早め，初期強度を早期に発現させる作用を有する混和剤で，寒冷地におけるコンクリート工事や型枠の早期脱型を目的として使用される．原材料としては，塩化カルシウム（$CaCl_2$）がその効果および経済的にも最も優れているので広く使用されているが，塩素イオンによる鉄筋腐食の問題があるので，その使用量および使用対象に制限が設け

4.3 混和剤

られている．

　急結剤は，吹付けコンクリートなどでコンクリートをごく短時間（数秒〜数分）で硬化させるために使用される混和剤である．これにはアルミン酸ナトリウム，ケイ酸ナトリウム，炭酸ナトリウムなどが使用されている．

e．分離低減剤・増粘剤

　コンクリートの材料分離に対する抵抗性を高める目的で使用される混和剤である．分離低減剤には，セルロース系水溶性高分子，ポリアクリルアミド系水溶性高分子，発酵技術により製造されるバイオポリマーおよびグリコール系水溶性高分子などが用いられている．このうち水中不分離性コンクリートには，セルロース系水溶性高分子がおもに使用され，吹付けコンクリートの防塵低減剤には，セルロース系とポリアクリルアミド系水溶性高分子が使用されている．高流動コンクリート用の分離低減剤（増粘剤）には，バイオポリマーとグリコール系水溶性高分子が用いられている．

f．収縮低減剤

　モルタルやコンクリートなどの水硬性セメント組成物は，硬化後に収縮する性質があり，その収縮現象の要因には，乾燥収縮，自己収縮と温度収縮の3つがある．これらのうち，乾燥収縮，自己収縮を低減するために収縮低減剤が用いられる．有機系界面活性剤（非イオン系のアルキレンオキサイド重合物）を主成分とする収縮低減剤は，長期材齢にわたるコンクリートの乾燥収縮を低減するために用いられ，一方自己収縮の低減については，収縮低減剤に加えて，膨張力を付与する無機系の膨張材の有効性が認められている．

g．防せい（錆）剤

　防せい剤は，コンクリートに含まれる塩化物イオンの作用によって発生する鉄筋の腐食を防止，あるいは抑制する目的で使用される混和剤である．一般に防せい剤は腐食抑制剤（corrosion inhibitor）の一種で，水溶液中に存在し，物理化学的作用によって金属表面に吸着してアノードまたはカソード反応を抑制し，金属の腐食を抑制するものである．腐食抑制剤は無機系物質と有機系物質に大別され，無機系には亜硝酸塩系が，有機系では有機リン酸塩，有機スルホン酸塩などがある．現在では，無機系の亜硝酸塩を主成分とする亜硝酸カルシウム，亜硝酸リチウムが多く使用されている．

h. その他の混和剤

その他の混和剤としては，起泡剤・発泡剤，防凍剤・耐寒促進剤，水和熱低減剤，耐久性改善剤などがある．

演 習 問 題

4.1 混和材料を分類し，それぞれの性能，使用したときの効果を簡単に述べよ．
4.2 AE剤を使用する目的を述べよ．
4.3 減水剤を使用する目的を述べよ．
4.4 セメントの凝結時間を調節するための混和剤の種類と使用目的を述べよ．

5. 骨　材

5.1　概　　説

　骨材（aggregate）とは，モルタルやコンクリートなどの凝集物をつくる場合に，主として補強・増量を目的としてセメント，水，混和材料とともに練り混ぜる材料の総称である．コンクリート用骨材は，粒径5mmを境に，小さいものを細骨材（fine aggregate），大きいものを粗骨材（coase aggregate）と呼んでいる．土木学会コンクリート標準示方書（以下RC示方書と略す）ではより厳密に，細骨材とは，10mmふるいを全部通り，5mmふるいを重量で85％以上通る骨材をいい，粗骨材は5mmふるいに重量で85％以上とどまる骨材と定義している．一方，骨材を生産あるいは製造方法別に分類すると次のようになる．

```
              ┌ 天然骨材 ┌ 河川産（川砂，川砂利）
              │         │ 海　産（海砂，海砂利）
              │         └ 山　産（山砂，山砂利，天然軽量骨材）
       骨材 ─┤
              │         ┌ 砕石，砕砂
              └ 人工骨材 │ 人工軽量骨材
                        └ スラグ
```

　骨材は，コンクリート体積の60〜80％を占めるものであり，コンクリートの性質に大きな影響を与える．骨材の品質に対し，RC示方書では，骨材は清浄，堅硬，耐久的で，適当な粒度をもち，ごみ，泥，有機不純物，塩化分など

の有害量を含んではならないと規定し，さらに，粗骨材においては，このほかに薄い石片，細長い石片の有害量を含まないこと，耐火性を必要とする場合には耐火的な粗骨材を使用することと規定している．

5.2 骨材の性質

a. 骨材の強さ，耐久性

強硬な骨材，すなわち強さの大きい骨材を使用したコンクリートの強度は，主としてセメントペーストの強さによって支配されるが，セメントペーストより小さい強さの骨材を用いた場合には，コンクリートの強度は使用する骨材の強さによって支配されることがある．したがって，骨材はセメントペーストの強度より強いことが望ましい．

骨材の強さは，母岩あるいは原石の強さからある程度推定することができる．一般に使用されているコンクリート用骨材の原石の圧縮強度は $50\,\mathrm{N/mm^2}$ 以上であり，これに適合するものとして玄武岩，硬質安山岩，硬質砂岩，硬質石灰岩などがある．

コンクリート用骨材は，これを用いたコンクリートが，凍結融解作用，乾湿繰り返し作用あるいは激しい温度変化などの気象作用に対して安定で耐久的なものが望ましい．骨材の耐久性を判定する方法として，硫酸ナトリウムまたは硫酸マグネシウム飽和溶液に浸したのち乾燥させるという操作を繰り返し，そのときの損失重量が限度以下であるかを調べる方法（JIS A 1122）が用いられる．

不安定な骨材とは，軟質で吸水率が大きく割れやすいもの，また水で飽和したときに著しく体積を増すもので，これらの代表的なものとして，軟質砂岩，けつ岩，粘土質岩石，ある種の雲母質岩石などがある．また，大部分の骨材はコンクリート内部において化学的に不安定になることはないが，ごく一部に骨材中に含まれる鉱物の中には化学的に不安定で，コンクリートの耐久性に重大な影響を及ぼすものがある．アルカリ骨材反応はその典型的なもので，これについては5.5節で詳述する．

b. 骨材の含水状態と吸水率

骨材粒子は，その表面や内部の空隙にいろいろな程度で水を保持することが

5.2 骨材の性質

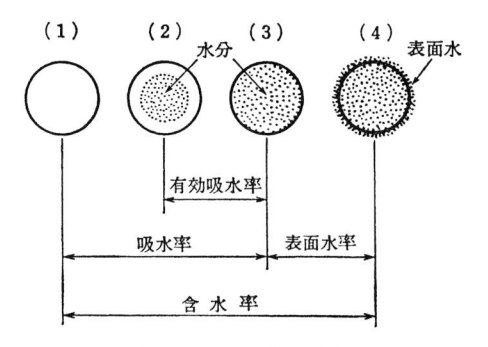

```
  (1)     (2)    (3)      (4)
                 水分      表面水
   ○      ◎     ●       ◉
          |←有効吸水率→|
   |←─ 吸水率 ─→|←表面水率→|
   |←────── 含 水 率 ──────→|
```

図 5.1　骨材の湿潤状態

でき，多様な含水状態で存在しうる．骨材内部の空隙が水で飽和していない場合にはコンクリートを練り混ぜるときに所定の水量の一部が吸水され，また骨材粒子表面に水膜が存在する場合には所定の水量に余分の水が加わることになり，当初のコンクリートの配合設計が狂うことになる．このようなことが起こらないように，コンクリートを練り混ぜるときには使用する骨材の含水状態を正確に把握しておく必要がある．

骨材の含水状態を分類すると図5.1のようになる．

（1）　絶対乾燥状態（絶乾）(oven dry state)　　温度100～110°Cで定重量となるまで乾燥させた状態で，骨材粒子内の空隙には水分はまったく含まれていない．

（2）　空気中乾燥状態（気乾）(air dry state)　　骨材を室内に長期間放置したような場合で，骨材粒子表面には水膜はなく，粒子内部の空隙の一部には水が存在する状態．

（3）　表面乾燥飽水状態（表乾）(saturated surface dry state)　　骨材粒子の表面には水は付着していないが，内部の空隙はすべて水で満たされている状態．

（4）　湿潤状態（wet state）　　骨材粒子内部の空隙が水で飽和しているとともに，粒子表面にも水分が付着している状態．

吸水率とは，絶乾状態から表乾状態になるまでに吸水される水量（吸水量）の，絶乾状態の骨材質量に対する百分率である．表面水率とは，骨材粒子の表面についている水量（表面水量）の，表乾質量に対する百分率である．

表 5.1 骨材の表面水率の近似値

骨材の状態	表面水率(%)
湿った砂(握っても形はくずれず，手のひらにわずかに湿りを感ずる)	0.5〜2
普通にぬれた砂(握ると形を保ち，手のひらにわずかに水分がつく)	2〜4
非常にぬれた砂(握ると手のひらが濡れる)	5〜8
濡れた砂利または砕石	1.5〜2

$$\text{吸水率}(\%) = \frac{\text{吸水量}}{\text{絶乾状態の質量}} \times 100 \tag{5.1}$$

$$\text{表面水率}(\%) = \frac{\text{表面水量}}{\text{表乾状態の質量}} \times 100 \tag{5.2}$$

$$\text{含水率}(\%) = \frac{\text{含水量}}{\text{表乾状態の質量}} \times 100 \tag{5.3}$$

骨材の吸水率は，石質によってかなり異なり，通常密度の大きい骨材の吸水率は小さい．骨材の状態による表面水量のおおよその目安を表5.1に示す．

c. 密 度

骨材粒子は，その内部に空隙が存在し，その空隙の含水状態によって密度は異なる．通常コンクリート用骨材としての骨材の密度は，表面乾燥飽水状態における密度（表乾密度）をさす．普通骨材の密度は，細骨材で2.50〜2.65 kg/l，粗骨材で2.55〜2.70 kg/lの範囲にある．なお，密度として表乾密度以外に絶乾状態の密度（絶乾密度）が用いられることもある．また，現場配合では気乾状態の密度（気乾密度）を用いることもある．表乾密度 ρ，絶乾密度 ρ' の間には以下の関係がある．

$$\rho = \rho'\left(1 + \frac{q}{100}\right) \tag{5.4}$$

ここで q は吸水率(%)である．

5.3 骨材の粒度，粒形および粗骨材の最大寸法

a. 粒度，粒形

フレッシュコンクリートの流動においては，セメントペースト層が骨材粒子相互のかみ合い，ぶつかりなどによる抵抗を低減させる役割を果たしている．したがって，ある流動性を有するコンクリートを得ようとするとき，一定の水

セメント比においては，セメントペーストによって充てんされなければならない骨材粒子間の空隙ができるだけ小さいほうがよい．また，その方が，硬化後のコンクリートの性質においても，骨材と比較してより不安定なセメントペースト層が少なくなることによって，乾燥収縮などが小さくなり，耐久性も向上するなどの利点がある．

骨材の大小粒の混合している割合（粒子径分布）を粒度と呼ぶ．一般に，上記の条件を満足する骨材は，大小の骨材粒子が適当な割合で混合した，連続的な粒度分布を有するものである．粒度を知るには，ある質量の骨材について種々のふるい目のふるいを用い，ふるい分けを行う．粒度分布は，おのおののふるい目を通過あるいは残留するものの全質量に対する質量百分率を縦軸に，ふるい目の大きさを横軸にとった粒度曲線によって示される．この場合，ふるいの寸法を示す横軸には，ふるい目の開きが順次2倍であるふるい寸法を等間隔にとるのが普通である．

RC示方書では，経済的にコンクリートを製造するためには，表5.2（細骨材），表5.3（粗骨材）に示す粒度範囲の骨材を用いることが望ましいとしている．この範囲を粒度曲線で示すと，図5.2の破線で示す範囲となる．

骨材の粒度を評価するもう一つの指標として，粗粒率（finess modulus；FM）がある．これは，80，40，20，10，5，2.5，1.2，0.6，0.3，0.15 mmの各ふるいにとどまる骨材の質量百分率の和を100で割った値である．粒径の大きいものが多く存在すれば粗粒率は大となる．粗粒率が同じであっても粒度曲線の異なる骨材は無数に存在するが，粗粒率は，骨材の粒度を一つの数値で表現できるため，粒度の変動の管理，コンクリートの配合設計に便利に利用できる．骨材のふるい分け試験結果および粗粒率の算定例を表5.4に示す．

骨材の粒形は，丸みをもった球形に近いものが好ましい．粒形が角張っている場合，細長い場合，あるいは扁平な場合には，コンクリートの流動性が悪くなり，モルタル量を多くする必要があり，結果として単位水量，単位セメント量の増加につながっていく．

表 5.2 細骨材の粒度の標準

ふるいの呼び寸法 (mm)	ふるいを通るものの質量百分率	ふるいの呼び寸法 (mm)	ふるいを通るものの質量百分率
10	100	0.6	25〜65
5	90〜100	0.3	10〜35
2.5	80〜100	0.15	2〜10*
1.2	50〜 90		

＊砕砂あるいは高炉スラグ細骨材を単独に用いる場合には，2〜15％にしてよい．
（土木学会編：コンクリート標準示方書より）

表 5.3 粗骨材の粒度の標準

粗骨材の大きさ(mm) \ ふるいの呼び寸法(mm)	60	50	40	30	25	20	15	10	5	2.5
50〜5	100	95〜100	—	—	35〜70	—	10〜30	0〜5	—	—
40〜5	—	100	95〜100	—	35〜70	—	10〜30	0〜5	—	—
30〜5	—	—	100	95〜100	—	40〜75	—	10〜35	0〜10	0〜5
25〜5	—	—	—	100	95〜100	—	25〜60	—	0〜10	0〜5
20〜5	—	—	—	—	100	90〜100	—	20〜55	0〜10	0〜5
15〜5	—	—	—	—	—	100	90〜100	40〜70	0〜15	0〜5
10〜5	—	—	—	—	—	—	100	90〜100	0〜40	0〜10
50〜25*	100	90〜100	35〜70	0〜15	0〜5	—	—	—	—	—
40〜20*	—	100	90〜100	—	20〜55	0〜15	—	0〜5	—	—
30〜15*	—	—	100	90〜100	—	20〜55	0〜15	0〜10	—	—

＊これらの粗骨材は，骨材の分離を防ぐために，粒の大きさ別に分けて計算する場合に用いるものであって，単独に用いるものではない．（土木学会編：コンクリート標準示方書より）

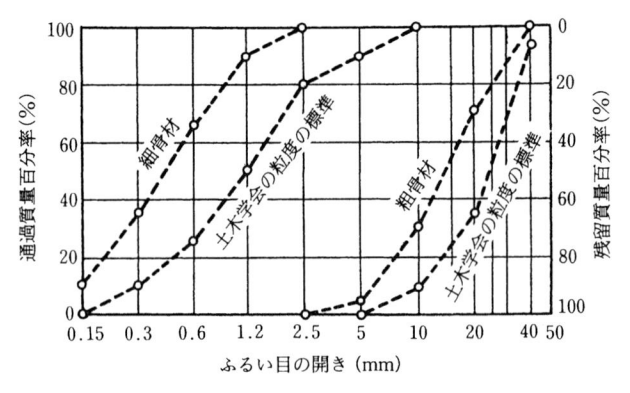

図 5.2 骨材の粒度の標準

5.3 骨材の粒度，粒形および粗骨材の最大寸法

表 5.4 粗粒率の計算例

ふるい (mm)	各ふるいに残留するものの質量百分率(%)		
	細骨材の場合	粗骨材の場合	混合骨材の場合
0.15	99	100	99
0.3	94	100	98
0.6	71	100	90
1.2	41	97	80
2.5	21	96	71
5.0	2	88	60
10.0	0	60	41
20.0	0	18	12
40.0	0	0	0
合 計	333	659	551
粗粒率	3.33	6.59	5.51

b．粗骨材の最大寸法

より大きな粒子を含む粗骨材を使用することによって，セメントペーストによって充てんすべき骨材粒子間の空隙を少なくすることができ，必要なセメント量および水量を減少させることができる．図5.3は，一定の水セメント比とスランプを有するコンクリートをつくるのに必要な各材料の使用量と粗骨材の最大寸法との関係を示したものである．この図から，粗骨材の最大寸法が大きくなるほどコンクリート中に占める骨材の絶対容積が増加することがわかる．したがって，できるだけ最大寸法の大きい粗骨材を使用することによって，経済的でかつ乾燥収縮が少なく耐久性の大きい優れたコンクリートを製造することができる．一方，粗骨材の最大寸法が大きすぎると，コンクリートの練混ぜや取り扱いが困難となり，また，部材の寸法が小さかったり，形状が複雑な場合，あるいは鉄筋が密に配置されている場合には，打設後のコンクリートが均質とならないことがある．

c．単位容積質量，実績率および空隙率

骨材は，骨材と骨材との間に空隙を有する．骨材の単位容積中に含まれる空隙の割合を百分率で表したものを空隙率といい，これに対し，骨材の実績部分の割合を実績率という．

いま，空隙率を$v(\%)$，実績率を$d(\%)$，骨材の絶乾密度を$\rho'(kg/l)$，単

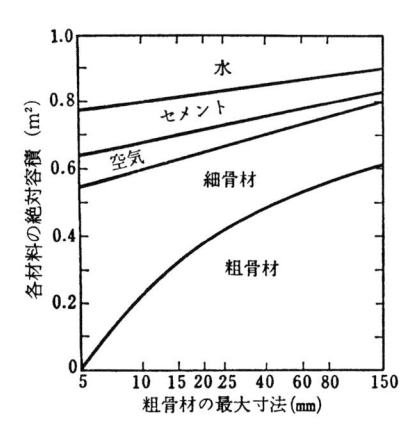

図 5.3 コンクリート 1 m³ 中の各材料の絶対容積
スランプ ≒7～16 cm, W/C≒0.5～0.6 の例

表 5.5 骨材中の有害含有量の限度

種 類	最大値(%)	
	細骨材	粗骨材
粘土塊	1.0[1]	0.25[1]
洗い試験で失われる量 　コンクリートの表面がすりへり作用を受ける場合 　その他の場合	 3.0[3] 5.0[3]	1.0[2]
石炭, 亜鉛などで比重 1.95 の液体に浮くもの 　コンクリートの外観が重要な場合 　その他の場合	 0.5[4] 1.0[4]	 0.5[5] 1.0[5]
塩化物(塩化物イオン量)	0.04[6]	—

1) 試料は, JIS A 1103 による骨材の洗い試験を行った後に, ふるいに残存したものから採取する.
2) 砕石の場合で洗い試験で失われるものが砕石粉であるときは最大値を 1.5 % としてもよい. 高炉スラグ粗骨材の場合は最大を 5.0 % としてよい.
3) 砕砂およびスラグ細骨材の場合で, 洗い試験で失われるものが石粉であり, 粘土シルトなどを含まないときは, 最大値を 5 % および 7 % としてよい.
4) スラグ細骨材には適用しない.
5) スラグ粗骨材には適用しない.
6) 細骨材の絶乾質量に対する百分率であり, NaCl 換算で示す.
(土木学会編：コンクリート標準示方書より)

位容積質量を $w(\mathrm{kg}/l)$ とすると

$$d(\%) = \frac{w}{\rho} \times 100 \tag{5.5}$$

$$v(\%) = \left(1 - \frac{w}{\rho}\right) \times 100 = 100 - d \tag{5.6}$$

で表される．この実績率が大きいほど骨材の形状がよく，粒度分布が適当であると判断される．したがって，同程度の粒度分布であれば，骨材粒度の判定指標になり，JIS A 5005 では，20 mm 以下のコンクリート用砕石の実績率が 55 ％以上であることを規定している．

5.4　骨材中の有害物

骨材中に含まれる有害物とは，ごみ，粘土塊，雲母質物質，泥炭質，腐植土などの有機物および化学塩類などで，コンクリートの正常な凝結，強度発現，耐久性，安定性を害する物質である．

RC 示方書では，骨材中の有害物含有量の限度を表 5.5 に示すように規定している．

a．微細粒子，軽い粒子

骨材中に含まれる微細な粒子には，シルト，粘土，雲母類，石粉などがある．これらの微粉末は少量で分散しておれば，ブリーディング（6.2節 c. 参照）を減少させコンクリートのワーカビリティー（6.2節 a. 参照）を改善する効果がある．また，貧配合コンクリートの強度，防水性がよくなることもある．しかし，微粉末量が多くなると，所定のコンシステンシー（軟らかさ）のコンクリートをつくるために必要な単位水量が増加し，これらの物質がコンクリートの上面に浮かんで弱い層をつくる．また，微粉末が骨材表面に密着していると，セメントペーストと骨材の付着を妨げ強度低下の原因となる．さらに塊となって存在すると，湿潤乾燥あるいは凍結融解などによってコンクリートの耐久性が低下する原因となる．

比重 1.95 の液体に浮かぶようなシェル，石炭，亜炭などは，ぜい弱であるのでコンクリートの表面を損じたりして，強度上の弱点となる．また，シェルは凍結融解作用を受けると吸水膨張し，コンクリートの表面剝離の原因とな

る．

b．塩化物

コンクリート中にある限度以上の塩化物が含まれると，鉄筋の腐食を引き起こす．コンクリート中に混入してくる塩化物は，練り混ぜ水，混和剤などからもたらされることもあるが，その大半は細骨材から供給される．したがって，コンクリート中の塩化物含有量を鉄筋の腐食を引き起こさない限度以下に抑えるには，細骨材の塩化物含有量を制限する必要がある．塩化物を含む可能性のある細骨材としては，海底，海浜，河口などから採取した海砂や海砂を含む混合砂があげられる．したがって，このような砂をコンクリート用細骨材として用いる場合には，十分な除塩処理をすることが必要である．

c．有機不純物

ある種の有機不純物がコンクリート中に限度以上含まれると，セメントの凝結，硬化が阻害されることがある．腐植土，泥炭などの中に含まれるフミン酸はその代表的なもので，これがセメント中の石灰と化合してフミン酸せっけんを生成し，セメントの硬化を妨げ，はなはだしいときには硬化しないこともある．

砂の有機不純物含有量は，JIS A 1105 に定める比色試験，すなわち砂を水酸化ナトリウムの3％溶液に入れて24時間放置後に，その上澄み液の色でフミン酸の含有程度を判定する．なお，比色試験で不適当と判定された砂であっても，モルタル試験において，有機物を除去してつくったモルタルの圧縮強度の90％以上の強度がでることが確認されれば使用してもよいとされている．

5.5 アルカリ骨材反応

コンクリート内部の空隙に存在する水酸化ナトリウム，水酸化カリウムなどのアルカリ成分と骨材中のある種の造岩鉱物との化学反応，あるいは，その結果生じるコンクリートのひび割れを主体とした劣化，損傷をアルカリ骨材反応という．

アルカリ骨材反応は，コンクリート中のアルカリと反応する鉱物の種類によってアルカリシリカ反応とアルカリ炭酸塩岩反応に大別されるが，現在，コンクリートの損傷として問題とされているのは，その大部分がアルカリシリカ反

応である．アルカリシリカ反応を起こす鉱物としては，オパール，カルセドニー，クリストバライト，トリディマイト，陰微晶質石英，結晶格子の歪んだ石英，火山ガラスなどがある．また，これらの反応鉱物を含んでいる可能性のある岩石としては，安山岩，石英安山岩，流紋岩，およびこれらの凝灰岩，玄武岩，けつ岩，砂岩，チャート，その他きわめて多岐にわたり，岩石の種類のみでは，反応性の有無は判断できない．岩石中の反応性鉱物の検出には，一般に，偏光顕微鏡観察や，粉末X線回折などの岩石学的試験による．その他骨材の反応性を評価するための試験法として，ASTM C 289 および JIS A 5308 の付属書7に規定されている化学法，あるいは ASTM C 227 および JIS A 5308 の付属書8に規定されているモルタルバー法などがある．

もう一つのアルカリ骨材反応のアルカリ炭酸塩岩反応は，ドロマイト質石灰岩とアルカリとの反応による膨張であるとされているが，わが国では，現在具体的な損傷例は報告されていない．

なお，コンクリートのアルカリ骨材反応による劣化の詳細については，6.5 節で述べる．

5.6　各種骨材とその特徴

a．砕石および砕砂

従来からコンクリート用粗骨材として最も優れたものとして用いられてきた河川産の骨材は，近年，環境保全と資源の枯渇から採取が厳しく規制され，現在ではほとんど使用されていない．それにかわって現在，コンクリート用粗骨材として一般に使用されているのが砕石である．

岩石を砕いて粒度を調整して製造される砕石は，その原石が十分強硬で耐久的である限り，コンクリート用粗骨材として河川産砂利と基本的にはなんら変わるところはないと考えて差し支えない．しかし，砕石は一般にそれ特有の角ばりや表面組織の粗さが原因となって，同じワーカビリティーのコンクリートを得るためには，単位水量の増加や細骨材率の増加などを必要とする．特にへき開性を有する岩石より製造された砕石は，扁平なものや細長い形状のものが多くなり，その影響が大きくなる．したがって，砕石を使用する場合には砕石粒子の形状を十分に吟味しておく必要がある．砕石粒子の形状評価には実績率

を用いるのが一般的で，JIS A 5005（コンクリート用砕石および砕砂）でもこの方法で骨材形状の良否判定を行うことが規定されている．

一方，砕砂についても，砕石同様天然産細骨材の枯渇とともに，その使用量は急激に増加している．その粒子形状がコンクリートのワーカビリティーに及ぼす影響も砕石の場合と同様で，JIS A 5005 では，砕砂の実績率を 53％以上と規定している．さらに砕砂の場合，製造時に混入する石粉の量が問題となる．適度の石粉の混入は，コンクリートのワーカビリティーの改善につながるが，過度の混入はコンクリートの単位水量増加の原因となり，乾燥収縮量が大きくなったり，耐久性低下の原因となる．JIS A 5005 では，洗い試験（JIS A 1103）で失われる微粉末の量を 7％以下と規定している．

b．海　　砂

海底，海浜，河口などから採取される砂は，そのままであれば塩化物を相当量含んでいる．塩化物含有量が，表 5.5 に規定されている許容量を超えている場合には鉄筋を錆びさせるおそれがあるので，水洗いなどによる十分な除塩処理が必要である．また，海砂中に含まれる塩化物の大部分を占める塩化ナトリウムは，アルカリ骨材反応を促進させるので注意する必要がある．

塩化物以外に海砂には，貝殻が混入していることが多いが，少量であれば特に問題となることはない．それ以外に，海砂は採取場所によって粒度分布が適当でない場合があるので，そのようなときには使用にあたって混合などの配慮が必要である．

c．スラグ骨材

銑鉄の製造において溶鉱炉で銑鉄と同時に生じる溶融スラグを徐冷，凝固させた後，破砕したものが高炉スラグ粗骨材である．高炉スラグ粗骨材は，銑鉄製造の原料の相違，冷却方法，破砕過程の違いなどによってその性質がかなり変動する．コンクリート用粗骨材として使用される高炉スラグ砕石については，JIS A 5011 に規定されており，そこでは比重，吸水率および単位容積重量の相違によって，2 種類に分類されている．

高炉スラグ細骨材についても，JIS A 5011 にその品質が規定されている．この高炉スラグ細骨材は，潜在水硬性を有し，貯蔵中に固結現象を起こすことがあるので注意が必要である．また，フェロニッケルの製造過程で生ずる溶融ス

ラグを冷却，破砕してコンクリート用細骨材としたものがフェロニッケルスラグ細骨材である．これは，比重が3.0前後とかなり大きいため，消波ブロック，護岸ブロックなどには有利な材料である．これらのスラグ細骨材は，単独に用いることはまれで，粒度調整，塩化物含有量の低減などの目的で，普通骨材の一部を置換して用いることが多い．

d. 軽量骨材

軽量骨材には，人工軽量骨材，火山れきなどの天然軽量骨材があるが，構造用軽量コンクリート用として，現在わが国で使用されているのは，そのほとんどが膨張けつ岩，膨張粘土，フライアッシュなどを主原料として焼成して製造される人工軽量骨材である．人工軽量骨材に関しては，比重，実績率，コンクリートの圧縮強度，コンクリートの単位容積質量によって，JIS A 5002において表5.6に示すように区分されている．

これらの人工軽量骨材は，骨材内の空隙が多いため，フレッシュコンクリートのポンプ圧送中に空隙への圧力吸水によりパイプ中で閉鎖を起こすおそれがあり，使用にあたっては前もって十分に吸水させておく必要がある．なお，この場合吸水量が多くなるので，凍結融解抵抗性が低下することに留意すること

表 5.6 軽量骨材の区分(JIS A 5002)

区分事項	種類	範囲	
		細骨材	粗骨材
絶乾比重	L	1.3 未満	1.0 未満
	M	1.3 以上 1.8 未満	1.0 以上 1.5 未満
	H	1.8 以上 2.3 未満	1.5 以上 2.0 未満
		モルタル中の細骨材	粗骨材
実績率(%)	A	50.0 以上	60.0 以上
	B	45.0 以上 50.0 未満	50.0 以上 60.0 未満
コンクリートの圧縮強度 (N/mm^2)	4	40 以上	
	3	30 以上	40 未満
	2	20 以上	30 未満
	1	10 以上	20 未満
コンクリートの単位容積質量 (kg/l)	15	1.6 未満	
	17	1.6 以上	1.8 未満
	19	1.8 以上	2.0 未満
	21	2.0 以上	

が必要であり，人工軽量骨材コンクリートは，十分な空気量を連行した AE コンクリートとすることが原則である．

e. 再生骨材

今日，骨材問題を考えるとき，コンクリート廃棄物の再利用は避けて通れない問題である．コンクリート解体廃棄物を破砕し，新たにコンクリート用骨材として再利用することは，省資源，省エネルギーさらには廃棄物処理，環境保護の観点から，非常に重要な問題である．1991年施行された「再生資源の利用の促進に関する法律」，通称リサイクル法のもと，各方面で再生骨材，再生コンクリートに関する調査，研究が積極的に進められた．その成果の一例として，コンクリート用再生骨材に関する暫定案（コンクリート副産物の再利用に関する用途別暫定品質基準(案)）が建設省より提起されている．

コンクリート再生骨材の品質は，付着ないしは混入している元コンクリートのモルタル，ペーストの品質と量の影響を大きく受ける．これらの程度を表す指標としては，骨材の吸水率および安定性の値がよく用いられている．建設省暫定案では，コンクリートの強度，耐久性に及ぼす影響を考慮して，コンクリート再生骨材の品質を表5.7に示すように分類し，再生骨材コンクリートの種類を表5.8のように分類して取り扱うこととしている．

現在，コンクリート解体廃棄物は，かなりの部分が破砕して道路用路盤材として再利用されており，コンクリート用骨材として再利用されているのはきわめて少ない．しかし，今後，コンクリートの生産量から考えて廃棄物量が増大してくると予測されること，細骨材を中心として優良なコンクリート用骨材の

表 5.7 再生骨材の品質

項　目 種　別	再生粗骨材				再生細骨材	
	1種	2種		3種	1種	2種
吸水率(%)	3以下	3以下	5以下	7以下	5以下	10以下
安定性(%)	12以下	40以下 (40以下)[1]	12以下	—	10以下	
洗い損失量(%)	1.5以下				[2]5以下，7以下	

1) 凍結融解耐久性を考慮しない場合
2) コンクリートの表面がすりへり作用を受ける場合＝5％以下
   その他の場合＝7％以下

表 5.8 再生骨材コンクリートの種類

再生骨材コンクリートの種類	再生骨材コンクリートの用途	使用再生粗骨材	使用再生細骨材	合理的に使用できる設計基準強度の目安 (N/mm^2)
I	鉄筋コンクリート, 無筋コンクリート等	再生粗骨材1種	普通骨材	18～21
II	無筋コンクリート等	再生粗骨材2種	普通骨材あるいは再生細骨材1種	16～18
III	捨てコンクリート等	再生粗骨材3種	再生細骨材2種	16未満

枯渇にともない資源価値がより大きくなってくることなどを考えると, コンクリート用骨材として再利用する方向性が重要になってくる.

5.7 水

コンクリートの練り混ぜ水には, セメントの水和反応に影響を与えるような物質あるいは鋼材を腐食させるような物質が限度量以上に含まれてはならない. 一般に, 練り混ぜ水としては上水道水, 工業用水, 地下水, 河川水, 湖沼水などが使用される. これらのうち, 上水道水はそのまま練り混ぜ水として使用して差し支えない. これに対し, 工場排水, 都市下水などによって汚染された河川水, 湖沼水などには, 硫酸塩, ヨウ化物, リン酸塩, ホウ酸塩, 炭酸塩などの無機塩類, 鉛, 亜鉛, 銅, スズ, マンガンなどの金属化合物, 糖類, パルプ廃液, 動植物の腐食物質などの有機不純物が含まれていることがあり, これらの中には, たとえ微量であってもコンクリートのワーカビリティーあるいは硬化過程および硬化後の性質に重大な影響を及ぼすものがある. JIS A 5308では上水道水以外の水を練り混ぜ水として使用する場合の基準を表5.9に示すように規定している. また, RC示方書では, 上水道水以外の水を使用する場合には JSCE-B 101 (コンクリート用練り混ぜ水の品質規格(案)) の規定に適合するものでなければならないと定めている.

海水は, コンクリート中の鋼材を腐食させるおそれがあるので, 鉄筋コンクリート, プレストレストコンクリート, 用心鉄筋を有するコンクリートなど, コンクリート中に鋼材が配置されている場合には使用してはならない. 鋼材を

表 5.9 練り混ぜ水の規定(JIS A 5308)

項　目	品　質
懸濁物質の量	2 g/l 以下
溶解性蒸発残留物の量	1 g/l 以下
塩化物イオン (Cl⁻) 量	200 ppm 以下
水素イオン濃度 (pH)	5.8〜8.6
モルタルの圧縮強度比	材齢 1, 7 および 28 日[1] で 90 % 以上
空気量の増分	±1 %

1) 材齢 91 日における圧縮強度比も確認しておくことが望ましい．

含まない場合でも，海水の使用はコンクリートの長期材齢における強度の発現あるいは耐久性を低下させるおそれがあり，注意しなければならない．

　コンクリート工場などにおいて，ミキサあるいは運搬車を洗った排水は，コンクリートの強度やワーカビリティーに悪影響を及ぼさないことを確かめたうえで使用してもよい．また，余剰のコンクリートまたはモルタルから回収した，セメントや砂などの微粉末が懸濁しているいわゆるスラッジ水は，懸濁濃度，懸濁物質の単位セメント量に対する割合などを十分管理できるものであれば使用してもよい．

演 習 問 題

5.1 骨材の含水状態について説明せよ．
5.2 骨材の粒度，粒径がコンクリートに及ぼす影響について述べよ．
5.3 粗粒率 (FM) とは骨材のどのような特性を表しているか．
5.4 実績率は骨材のどのような特性を表しているか．

6. コンクリート

6.1 概　　説

　コンクリート (concrete) は，セメント，水，細骨材，粗骨材を適当な割合で混合して練り混ぜたもので，さらに種々の性能を発揮させるために混和材料を添加することもある．セメントと水とを練り混ぜたものをセメントペースト (cement paste) といい，さらにセメント，水および細骨材の混合物をモルタル (mortar) という．なお，厳密にいえば，コンクリートとは，骨材をマトリックスで結合したものと定義される．したがって，マトリックスとしてセメント，アスファルト，レジンなどを用いたものを，それぞれ，セメントコンクリート，アスファルトコンクリート，レジンコンクリートと区別することもある．しかし，一般には，コンクリートといえば，セメントコンクリートのことを意味する．

　コンクリートの理想の姿は岩である．したがって，大小粒が適当に混ざり合った粒度分布をもつ細粗骨材のできるだけ狭い隙間を，セメントペーストが満たし，かつ骨材を結びつけ，コンクリートを形成しているのである．セメントペーストは，コンクリートがフレッシュな状態においては，その流動性および分離抵抗性を支配するものであり，硬化したコンクリートにおいては，その強度や耐久性などの諸性質に大きな影響を与えるものである．

　コンクリートは，図 6.1 に示すように，その目的に応じ，所望の強度，耐久性および経済性を同時に兼ね備えたものでなければならない．

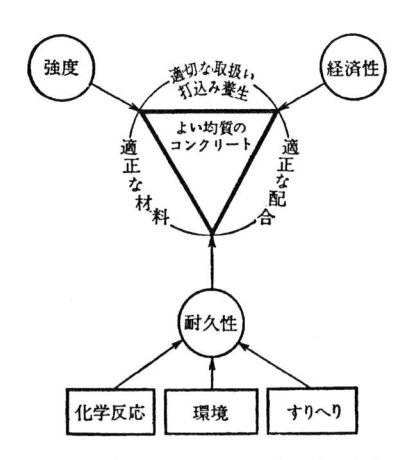

図 6.1 良質のコンクリートをつくる条件

6.2 フレッシュコンクリート

　セメント，骨材，水および混和材料がミキサで練り混ぜられてから硬化するまでの，まだ固まっていない状態のコンクリートをフレッシュコンクリート (fresh concrete) という．製造プラントで練り混ぜられたコンクリートは，工事現場まで運搬され，型枠内に打ち込まれ，その後，締固め，仕上げという工程を経て，養生される．運搬においては，運搬時間が短く，コンクリートの材料分離，空気量の変化やスランプの低下などの性状の変化が少なくなるよう配慮しなければならない．コンクリートの型枠内への打込みおよび締固めにおいては，型枠のすみずみまでコンクリートが行きわたり，未充てん部，豆板およびコールドジョイントなどの施工不良を生じないよう留意しなければならない．また，ブリーディング水と表面の初期乾燥により生じる沈下ひび割れの防止のための処置を講じる必要がある．

　このように，コンクリートの施工においては，フレッシュコンクリートの諸性質を十分に理解しておくことが重要である．

a．ワーカビリティー

　ワーカビリティーとは，コンクリートの運搬，打込み，締固めなどの作業特性を表す用語であるが，その内容は複雑である．土木学会コンクリート標準示

方書（略称 RC 示方書）では，次のように定義している．

　　　ワーカビリティー（workability）　材料分離を生じることなく，運搬，打ち込み，締固め，仕上げなどの作業が容易にできる程度を表すフレッシュコンクリートの性質．

このワーカビリティーという言葉に含まれる内容は，以下のようなものである．

（ⅰ）**コンシステンシー**（consistency）　主として水量の多少によって左右されるフレッシュコンクリート，フレッシュモルタルおよびフレッシュペーストの変形または流動に対する抵抗性．

（ⅱ）**プラスティシティー**（plasticity）　容易に型に詰めることができ，型を取り去るとゆっくり形を変えるが，くずれたり，材料が分離したりすることのないような，フレッシュコンクリートの性質．

（ⅲ）**フィニッシャビリティー**（finishability）　粗骨材の最大寸法，細骨材率，細骨材の粒度，コンシステンシーなどによる仕上げの容易さを示すフレッシュコンクリートの性質．

以上の定義よりわかるように，ワーカビリティーという性質の中には，コンシステンシーとプラスティシティーという，ある意味で相反する性質を含んでおり，その意味するところは，複雑かつあいまいである．換言すれば，それはコンクリートの施工においてフレッシュコンクリートに要求される性質が，複雑かつ多岐にわたることを意味するものである．

b．ワーカビリティーに影響を及ぼす要因

（ⅰ）**セメント**　セメントの種類，粉末度，風化の程度，単位量などは，ワーカビリティーに影響を及ぼす．一般に，粉末度の高いセメントを使用した場合，セメントペーストの粘性が高くなり，流動性が小さくなる．単位セメント量が多い場合も同様に，プラスティシティーが増大し，ワーカビリティーがよくなる．風化したセメントや異常凝結を示すセメントは，ワーカビリティーを悪くする．

（ⅱ）**水**　単位水量が多いとコンクリートは軟らかくなり，コンシステンシーが大きくなるが，材料分離の傾向も増す．逆に，単位水量が少なすぎると，コンクリートは硬くなり，流動性が損なわれる．

(iii) 骨材　粗骨材の最大寸法が大きくなれば，コンクリートの流動性は増すが，材料分離の傾向も増す．粗骨材の粒形の影響は大きく，角ばった骨材を用いるとコンクリートのワーカビリティーは悪くなる．細骨材率が小さい場合や，細骨材の粗粒率が大きい場合には，材料分離の傾向が増す．吸水率の大きい骨材を，水で飽和されていない状態で用いた場合には，時間とともに骨材が吸水し，コンクリートのワーカビリティーは悪くなる．

(iv) 混和材料　AE剤，減水剤および高性能AE減水剤は，空気の連行や単位水量の減少により，コンクリートのワーカビリティーを著しく改善する．球状のフライアッシュの使用によるワーカビリティーの改善効果は大きい．細粒分が不足する細骨材を用いた場合や，単位セメント量の少ない場合に，フライアッシュやスラグ微粉末などの粉体を加えることは，コンクリートのワーカビリティー改善に有効である．

(v) その他　練混ぜが不十分であったり，練混ぜ後打込みまで長時間を要する場合には，コンクリートのワーカビリティーは低下する．一方，過度に練り混ぜられると空気量が減少したり，骨材が砕かれて微粉の量が増し，コンクリートのワーカビリティーは悪くなる．また，コンクリートの温度が上昇すると，コンクリートからの水分蒸発量が多くなり，ワーカビリティーは低下する．

c．材料分離とブリーディング

コンクリートは，粒の大きさ，比重などの異なる材料よりなるので，運搬，打込み，締固めなどの施工中に各材料が分離し，材料の混合割合が均一でなくなる．これらのうち，モルタル中の粗骨材の混合割合が均一でない状態を分離 (segregation) という．最も比重の小さい水が，コンクリート中あるいはコンクリートと型枠との境界面に沿って移動し，コンクリート表面に達し，水の層が形成される現象をブリーディング (bleeding) と呼んでいる．

(1) 分離　コンクリートが，打込みのためある高さから落下させられたり，締固めのため振動を受けたりすると，粗骨材は沈降し，分離を生じる．粗骨材の分離は，粒径が大きいほど著しい．粗骨材の分離が起こると，豆板と呼ばれる施工不良を生じ，強度や水密性が低下し，鉄筋の発錆が助長されたりする．単位水量が多く，スランプの大きいコンクリートは分離しやすい．逆に

単位水量が極端に小さくなると，モルタルの粘着性が不足し，分離が起こる．細骨材率を大きくすることは，分離を少なくするために有効である．

粗骨材の分離は，施工方法，特に運搬設備や打込み方法によっても異なる．長いシュートやダンプトラックからコンクリートが排出されるときに分離が生じることがあるので注意が必要である．

なお，粗骨材の分離の程度の判定は，JIS A 1112「まだ固まらないコンクリートの洗い分析試験方法」によって行われる．

（2） ブリーディング　ブリーディングは，練混ぜ水がセメントや骨材の沈降によって上方に集まることにより生じる分離現象で，コンクリート表面全体にわたる場合と，型枠面や局部的な水みちに沿って生じる場合とがある．ブリーディングによって浮上した微粒分は，その後沈殿して薄層をなし，レイタンス（laitance）となる．レイタンスは強度も付着力もきわめて小さいため，打継ぎの際には除去しなければならない．

ブリーディングによってコンクリート表面は低下するが，それが図6.2に示すように，鉄筋などによって拘束されると，その上面にひび割れを生じる．このようなひび割れを沈みひび割れといい，ブリーディングが多いほど生じやすい．逆に，ブリーディングが過度に少ない場合は，初期乾燥によるひび割れを生じる．なお，ブリーディングにより，鉄筋や骨材の下面に水膜ができ，それが空隙となり，付着力を低減させる．

ブリーディングは，セメントの粉末度やセメント量を増大，AE剤やポゾランの添加，水量の低減によって減少させることができる．

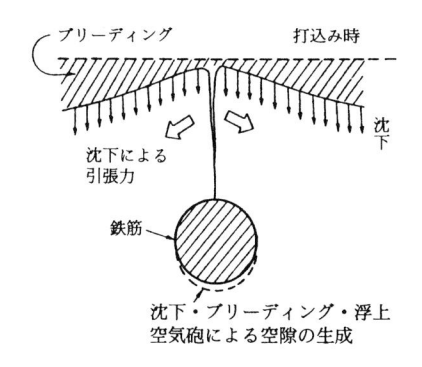

図 6.2　鉄筋上側に沿ったひび割れと鉄筋下側の空隙の生成

なお，ブリーディングの測定は，JIS A 1123「コンクリートのブリーディング試験方法」による．

d．ワーカビリティーの測定

ワーカビリティーは，すでに述べたように，フレッシュコンクリートが有する種々の性質を含むもので，定量的に評価することが困難である．ワーカビリティーの測定方法は，従来より種々の方法が提案されているが，一つの方法でワーカビリティーを的確に測定する方法は確立されていない．一般に，ワーカビリティーは，流動性（変形に対する抵抗性）および運搬や打込み中に生じる分離に対する抵抗性を測定し，総合的に評価されるべきものである．以下に，現在用いられている試験方法のうち代表的なものについて述べるが，コンシステンシーを測定しているものが多い．

（1）スランプ試験（slump test）　コンクリートのコンシステンシーを測定する方法として古くより用いられており，JIS A 1101 で規定されている．図 6.3 に示す鋼製のスランプコーンにコンクリートを詰めた後，スランプコーンを引きあげ，そのときのコンクリートの沈下量（スランプ値；cm）によってコンクリートのコンシステンシーを評価する方法である．また，スランプ後のコンクリートの側面を突棒で軽くたたいたときの状態や表面のこて仕上げの状態などから，コンクリートのプラスティシティーも判断できる．図 6.3 には，同一スランプのコンクリートの側面をタッピング（tapping）したときの状態の相違を示したものである．状態 1 は，粘性に富み，分離に対する抵抗性の優れたコンクリートであり，状態 2 は，細骨材や水が少なく，粗々しいコンクリートである．

（2）締固め係数試験（compacting factor test）　本試験法は，コンクリ

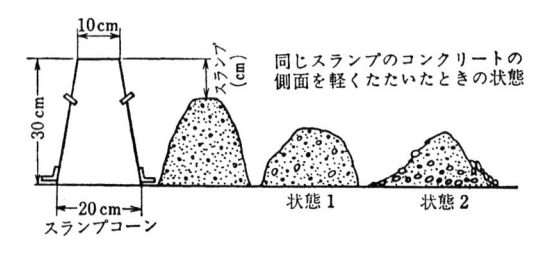

図 6.3　スランプ試験

ートの締固めやすさを評価するために開発されたもので，英国規格 BS 1881 に規定されている．図 6.4 に示す容器 A にコンクリートをゆるく詰め，容器 B に落下させ，さらにこれを容器 C に落下させる．容器 C の上面より余分のコンクリートを削りとり，容器内のコンクリートの質量を測定して w とする．これと容器 C に十分締固めたコンクリートの質量 W との比，すなわち w/W をワーカビリティーの尺度にしようとするものである．

（3） 振動式コンシステンシー試験　この方法は，スランプ試験では測定が困難な，硬練りコンクリートのコンシステンシーを測定するためのものである．このタイプの試験は種々提案されているが，わが国においては，舗装用コンクリート用として，土木学会規準に規定された方法がある（JSCE-F 501；振動台式コンシステンシー試験方法）．図 6.5 に示したコーン状のコンクリート上面にすべり棒のついた透明な円板をのせ，振動を与える．振動によりコンクリートが締め固められると変形を起こす．このため透明な円板が下がり始める．コンクリートが振動開始から円板全体に接するまでの時間（秒）を測定し，沈下度とする．同様の方法が，RCD 工法用コンクリートのコンシステンシーを測定するものとして，土木学会規準に規定されている（JSCE-F 507）．

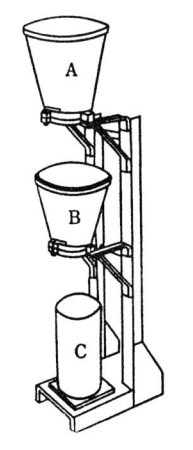

図 6.4　締固め係数試験の装置概要

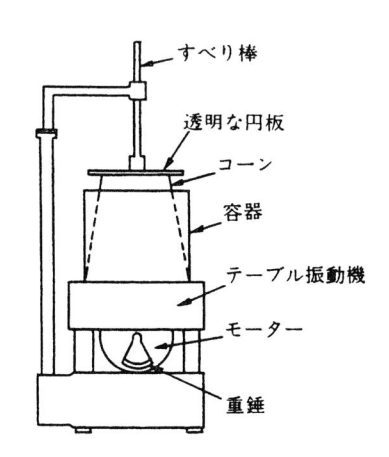

図 6.5　振動台式コンシステンシー試験装置

6.3 コンクリートの配合

a. 配合設計

配合 (mix proportion) とは，コンクリートをつくるときの各材料，すなわちセメント，水，骨材および混和材料の割合または使用量をいい，さらに，配合設計とは，所要の強度，耐久性，水密性および作業に適するワーカビリティーを有するコンクリートを経済的に得られるように，その混合割合を選定することである．

配合設計を行う場合，特に考慮しなければならない事項は次の通りである．

（ⅰ）作業ができる範囲，すなわち，コンクリートを十分密実に締め固め，また型枠のすみずみや鉄筋のまわりにまでゆきわたらせるように打込みおよび締固めができる範囲内で，できるだけ単位水量を少なく，最小のスランプとする．

（ⅱ）経済的な観点および打込みに支障のない限度で，できるだけ最大寸法の大きい粗骨材を用いる．

（ⅲ）凍結融解や乾湿の繰返しなどによる気象作用，硫酸塩や海水などによる化学作用にも十分抵抗できる耐久性を有すること．

（ⅳ）外力の作用に対して十分抵抗できる強度をもつこと．

b. 配合設計の手順

コンクリートの配合設計は，構造物の種類，部材寸法，外界の気象条件および施工方法を考慮し，図6.6に示す順序で行う．

（1）粗骨材最大寸法 同一のコンシステンシーを有するコンクリートを経済的に製造する場合，粗骨材最大寸法が大きいほど単位水量は少なくなり，

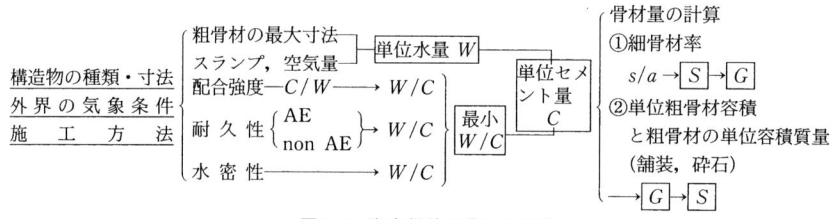

図6.6 配合設計を進める順序

単位セメント量も減らすことができる．しかし，鉄筋コンクリート部材においては，鉄筋が入り組んでおり，部材寸法が比較的小さく，その形状も複雑であるため，あまり大きい寸法の粗骨材を用いることは，コンクリートのゆきわたりが不十分になり不適当である．したがって，RC示方書では，粗骨材の最大寸法について，以下のような制限を設けている．鉄筋コンクリートに用いる粗骨材の最大寸法は，部材最小寸法の1/5，鉄筋の最小あきおよびかぶりの3/4を超えてはならない．無筋コンクリートに用いる粗骨材の最大寸法は，部材最小寸法の1/4を超えてはならない．ダムコンクリートに用いる粗骨材の最大寸法は，作業に適する範囲内で単位結合材量ができるだけ少なくなるよう定めなければならない．

表6.1は，粗骨材最大寸法の標準を示したものである．

（2） スランプおよび空気量 コンクリートのスランプは，運搬，打込み，締固めなどの作業に適する範囲内で，できるだけ小さくするのが望ましい．表6.2は，打込み時のスランプの標準を示したものである．

AEコンクリートの空気量は，表6.3に示すように，粗骨材の最大寸法，その他に応じて，コンクリート容積の4～7％を標準とする．舗装コンクリートの場合は4.5％，ダムコンクリートの外部コンクリートの場合は，ウェットス

表 6.1 粗骨材最大寸法の標準

構造物の種類		粗骨材の最大寸法(mm)
鉄筋コンクリート	一般の場合	20 または 25
	断面の大きい場合	40
無筋コンクリート		40*

＊：部材最小寸法の1/4を超えてはならない．

表 6.2 スランプの標準

種　　類		スランプ(cm)	
		通常のコンクリート	高性能AE減水剤を用いたコンクリート
鉄筋コンクリート	一般の場合	5～12	12～18
	断面の大きい場合	3～10	8～15
無筋コンクリート	一般の場合	5～12	—
	断面の大きい場合	3～8	—

（表6.1, 6.2ともに土木学会編：コンクリート標準示方書より）

クリーニングを行い，40mm 以上の粗骨材を取り除いて測定したときの値で 5±1％を標準としている．

（3） 単位水量　単位水量は，作業のできる範囲内で，できるだけ小さくしなければならない．所要のスランプを得るのに必要なコンクリートの単位水量は，粗骨材の最大寸法，骨材の粒度および粒形，混和材料の種類，コンクリ

表 6.3　コンクリートの単位粗骨材容積，細骨材率および単位水量の概略値

粗骨材の最大寸法 (mm)	単位粗骨材容積 (％)	AE コンクリート			
		空気量 (％)	AE 剤を用いる場合		AE 減水剤を用いる場合	
			細骨材率 s/a (％)	単位水量 W (kg)	細骨材率 s/a (％)	単位水量 W (kg)
15	58	7.0	47	180	48	170
20	62	6.0	44	175	45	165
25	67	5.0	42	170	43	160
40	72	4.5	39	165	40	155

1) この表に示す値は，全国の生コンクリート工業組合の標準配合などを参考にして決定した平均的な値で，骨材として普通の粒度の砂（粗粒度 2.80 程度）および砕石を用い，水セメント比 0.55 程度，スランプ約 8 cm のコンクリートに対するものである．
2) 使用材料またはコンクリートの品質が 1) の条件と相違する場合には，上記の表の値を下記により補正する．

区　　分	s/a の補正（％）	W の補正
砂の粗粒率が 0.1 だけ大きい（小さい）ごとに	0.5 だけ大きく（小さく）する	補正しない
スランプが 1 cm だけ大きい（小さい）ごとに	補正しない	1.2％ だけ大きく（小さく）する
空気量が 1％ だけ大きい（小さい）ごとに	0.5〜1 だけ小さい（大きく）する	3％ だけ小さく（大きく）する
水セメント比が 0.05 大きい（小さい）ごとに	1 だけ大きく（小さく）する	補正しない
s/a が 1％ 大きい（小さい）ごとに	—	1.5 kg だけ大きく（小さく）する
川砂利を用いる場合	3〜5 だけ小さくする	9〜15 kg だけ小さくする

なお，単位粗骨材容積による場合，砂の粗粒率が 0.1 だけ大きい（小さい）ごとに単位粗骨材容積を 1％ だけ小さく（大きく）する．
（土木学会編：コンクリート標準示方書より）

ートの空気量などによって異なるので，実際の施工に用いる材料を使用して試験を行って定めるのが一般的である．その場合の概略値は，表6.3から求められる．

最近の骨材事情の悪化にともない，同一のスランプを得るための単位水量が漸増しつつある．単位水量の増加は単位セメント量の増大を招き，コンクリートの品質確保の上から望ましいことではない．このような観点から，上限スランプ12cmに対応する単位水量の上限を，表6.4のように定めている．なお，高性能AE減水剤を用いたコンクリートの単位水量も，原則として175 kg/m³以下に制限されている．

（4）水セメント比の選定 水セメント比は原則として65％以下とし，圧縮強度，耐久性および水密性などを考慮して選定した，それぞれの水セメント比のうちの最小のものとする．

（i）コンクリートの圧縮強度をもとにして水セメント比を定める場合——

表6.4 コンクリートの単位水量の限度の推奨値

粗骨材の最大寸法 (mm)	単位水量の上限 (kg/m³)
20〜25	175
40	165

（土木学会編：コンクリート標準示方書より）

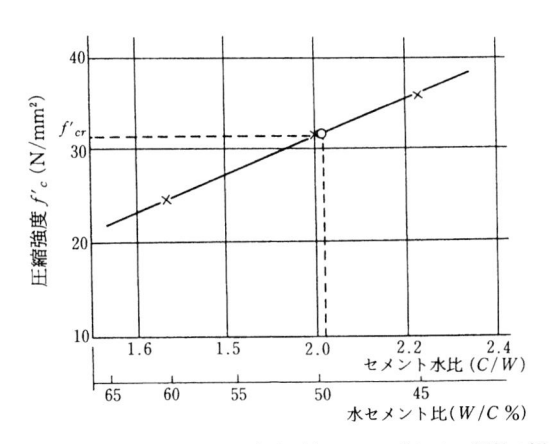

図6.7 圧縮強度とセメント水比（水セメント比）との関係の例

適当と思われる範囲内で，3種類以上の異なるセメント水比 (C/W) のコンクリートをつくり，図 6.7 に示すように材齢 28 日における圧縮強度とセメント水比との関係を求める．両者の関係は，

$$f'_c = A(C/W) + B \tag{6.1}$$

なる直線式で表される．なお，A, B は，最小二乗法によって求められる．この f'_c-C/W 関係より，所定の配合強度に相当するセメント水比を求め，その逆数を配合に用いる水セメント比とする．

レディーミクストコンクリート工場のように，あらかじめ，工場の管理試験を反映した結果に基づいた信頼度の高い f'_c-C/W 関係式がある場合には，それを用いて水セメント比を求めることができる．

この配合強度 f'_{cr} は，設計基準強度 f'_{ck} に割増し係数 α を乗じたものである．

$$f'_{cr} = \alpha \cdot f'_{ck} \tag{6.2}$$

コンクリートの強度は，材料の品質管理や製造工程の管理が十分に行われたとしても，変動するものである．したがって，設計基準強度を目標強度とすれば，コンクリートの強度が設計基準強度を下まわる確率は，かなり大きい．コンクリートの強度のばらつきは，図 6.8(a) に示すように，正規分布するとされているので，半数のコンクリートが設計基準強度を下まわることになる．

RC 示方書においては，コンクリートの配合強度 f'_{cr} は，一般の場合，現場におけるコンクリートの圧縮強度の試験値が，設計基準強度を下まわる確率が 5％以下になるように定めるとしている．これを図示すると，図 6.8(b) のようになる．すなわち，

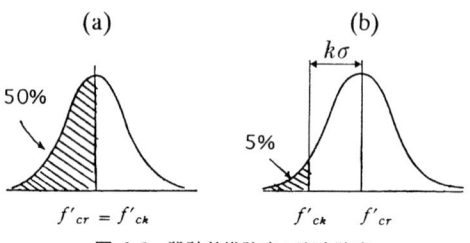

図 6.8 設計基準強度と配合強度

6.3 コンクリートの配合

$$f'_{ck} = f'_{cr} - k\sigma = f'_{cr}\left(1 - k \cdot \frac{\sigma}{f'_{cr}}\right)$$
$$= f'_{cr}\left(1 - \frac{k}{100}V\right) \quad (6.3)$$

となる．ここに，V は変動係数である．図 6.8(b)に示した場合の k の値は，正規分布表（表 6.18 参照）から 1.645 となる．

$$f'_{ck} = f'_{cr}\left(1 - \frac{1.645}{100}V\right) \quad (6.4)$$

式 (6.2) と式 (6.4) より

$$\alpha = \frac{1}{1 - (1.645/100)V} \quad (6.5)$$

と表される．

これを図示すると，図 6.9 のようになる．図 6.9 には舗装用コンクリート，ダムコンクリートおよびレディーミクストコンクリートの，それぞれ，割増し係数と変動係数との関係も示されている．それらの割増し係数 α は，それぞれ式 (6.6)，式 (6.7) および式 (6.8) で表される．

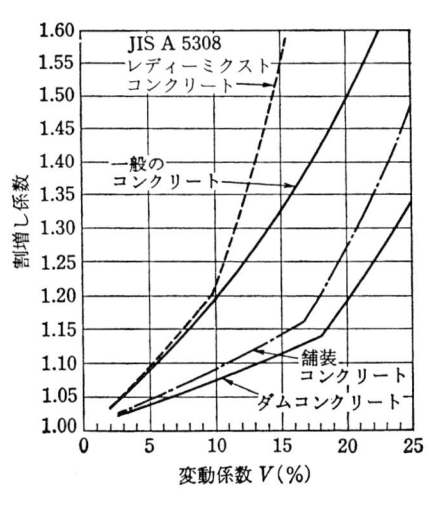

図 6.9 割増し係数

舗装コンクリート：

$$\left.\begin{array}{l}\alpha=\dfrac{1}{1-0.842(V/100)} \\ \\ \alpha=\dfrac{0.8}{1-1.834(V/100)}\end{array}\right\} \quad (6.6)$$

ダムコンクリート：

$$\left.\begin{array}{l}\alpha=\dfrac{1}{1-0.674(V/100)} \\ \\ \alpha=\dfrac{0.8}{1-1.645(V/100)}\end{array}\right\} \quad (6.7)$$

レディーミクストコンクリート：

$$\left.\begin{array}{l}\alpha=\dfrac{0.85}{1-3(V/100)} \\ \\ \alpha=\dfrac{1}{1-\sqrt{3}(V/100)}\end{array}\right\} \quad (6.8)$$

レディーミクストコンクリートにおける強度の規定は，① 1回の試験結果は，購入者が指定した呼び強度の強度値の85％以上でなければならない，② 3回の試験結果の平均値は，購入者が指定した呼び強度の強度値以上でなければならない，とするものである．

　(ⅱ) コンクリートの耐久性をもとにして水セメント比を定める場合——コンクリートの耐凍害性をもとにして水セメント比を定める場合，その値は，表

表 6.5 コンクリートの耐凍害性をもとにして水セメント比を定める場合におけるAEコンクリートの最大の水セメント比(%)

気象条件 構造物の露出状態　　断面	気象作用が激しい場合または凍結融解がしばしば繰返される場合		気象作用が激しくない場合，氷点下の気温となることがまれな場合	
	薄い場合[2]	一般の場合	薄い場合[2]	一般の場合
(1) 連続してあるいはしばしば水で飽和される部分[1]	55	60	55	65
(2) 普通の露出状態にあり，(1)に属さない場合	60	65	60	65

1) 水路，水槽，橋台，橋脚，擁壁，トンネル覆工等で水面に近く水で飽和される部分および，これらの構造物のほか，桁，床版等で水面から離れてはいるが融雪，流水，水しぶき等のため，水で飽和される部分．
2) 断面の厚さが20cm程度以下の構造物の部分．
（土木学会編：コンクリート標準示方書より）

表 6.6 海洋コンクリートにおける耐久性から定まる AE コンクリートの最大の水セメント比(%)

施行条件 環境区分	一般の現場施工の場合	工場製品，または材料の選定および施工において，工場製品と同等以上の品質が保証される場合
(a) 海上大気中	45	50
(b) 飛沫帯	45	45
(c) 海中	50	50

注) 実績，研究成果などにより確かめられたものについては，耐久性から定まる最大水セメント比を，本表の値に 5～10 程度を加えた値としてよい．
（土木学会編：コンクリート標準示方書より）

6.5 に示した値以下でなければならない．

コンクリートの化学作用に対する耐久性をもとにして水セメント比を定める場合，その値は，以下のように定めなければならない．

① SO_4^{2-} として 0.2％以上の硫酸塩を含む土や水に接するコンクリートに対しては，表 6.6 の(c)に示す値以下とする．

② 融氷剤を用いることが予想されるコンクリートに対しては，表 6.6 の(b)に示す値以下とする．

(iii) コンクリートの水密性をもとにして水セメント比を定める場合——普通コンクリートでは 55％以下を標準とする．

海洋構造物に用いるコンクリートの水セメント比を定める場合，その最大値は，表 6.6 に示した値以下とする．

以上が，耐久性をもとにして水セメント比を決定する標準的な方法である．

コンクリート構造物が，所要の性能を設計耐用期間にわたり保持しなければならないということから，以下のようにように水セメント比を決定することができる．所要の性能とは，後に述べる耐久性を意味し，その内容は，①中性化に対する耐久性，②塩化物イオンの侵入に伴う鉄筋腐食に対する耐久性，③凍結融解に対する抵抗性，④化学的侵食に対する抵抗性，⑤アルカリ骨材反応に対する抵抗性，⑥水密性，および⑦耐火性，である．

このような耐久性の低下すなわち劣化を，設計の段階で予測し，劣化現象の設計値が実験や実績から定められた限界値を上回らないことを確かめるのが耐久性の照査である．中性化を例にすると，以下のようになる．

$$\gamma_i \cdot y_d \leqq y_{lim} \tag{6.9}$$

y_d は中性化の設計値,すなわち予測値で,次のように求められる.

$$y_d = \gamma_{cd} \cdot \alpha_d \sqrt{t} \tag{6.10}$$

$$\alpha_d = \alpha_k \cdot \beta_e \cdot \gamma_c \tag{6.11}$$

α_d は中性化の速度を表す係数の設計値で,(6.11)式で求められる.α_k は,次式から計算される.

$$\alpha_k = a + b(W/C) \tag{6.12}$$

一般には,$a = 3.57$,$b = 9.0$ とされる.また,t は中性化に対する耐用年数,y_{lim} は鋼材腐食発生限界深さである.その他の記号の説明は以下のとおりである.

γ_{cd} :中性化の設計値のばらつきを考慮する安全係数.

β_e :環境作用の程度を表す係数.

γ_c :コンクリートの材料係数.

以上に示した手順によって,所定の耐用年数において,中性化が限界を超えないコンクリートの水セメント比の限界値が求められる.

(5) 骨材量の計算 図 6.6 に示したように,① 細骨材率を決定する方法と,② 単位粗骨材容積と粗骨材の単位容積質量とから粗骨材量を決定する方法とがある.

細骨材率は,所要のワーカビリティーが得られる範囲内で単位水量が最小となるよう,試験によって定めなければならない.普通コンクリートの場合は,表 6.3 に示した,細骨材率の概略値を用いることができる.また,表 6.3 には,単位粗骨材容積の概略値が示されており,粗骨材量の決定に利用できる.

c.　示方配合

試験練りと配合修正を配合設計条件を満足するまで繰り返し,最終的に得られたコンクリート 1 m³ の配合を,示方配合と呼び表 6.7 のように表す.示方配合においては,骨材は表面乾燥飽水状態であり,細骨材は 5 mm ふるいを全部通るもの,粗骨材は 5 mm ふるいに全部留まるものを用いている.

実際にコンクリートを練混ぜる場合には,1 バッチの練混ぜ容量,骨材の粒度,骨材の含水状態が異なるので,示方配合を現場配合に換算しなければならない.

表 6.7 示方配合の表し方

粗骨材の最大寸法 (mm)	スランプ (cm)	水セメント比[1] W/C (%)	空気量 (%)	細骨材率 s/a (%)	単位量 (kg/m³)					
					水 W	セメント C	混和材[2] F	細骨材 S	粗骨材 G mm〜mm	mm〜mm	混和剤[3]

注 1) ポゾラン反応性や潜在水硬性を有する混和材を使用するとき，水セメント比は水結合材比となる．
 2) 同種類の材料を複数種類用いる場合は，それぞれの欄を分けて表す．
 3) 混和剤の使用量は，cc/m³ または g/m³ で表し，薄めたり溶かしたりしないものを示すものとする．

d．配合設計例

（1）配合条件

① 対象構造物：鉄筋コンクリート角柱（部材最小寸法 600 mm，鉄筋の最小あき 50 mm，かぶり 50 mm）

② 設計基準強度：$f'_{ck} = 27\,\mathrm{N/mm^2}$

③ 気象作用：露出状態は普通であるが，凍結融解がしばしば繰り返される．

④ 使用材料の物理的性質：セメント；密度 $\rho_c = 3.16\,\mathrm{g/cm^3}$，粗骨材（砕石を使用）；密度 $\rho_G = 2.67$，細骨材；密度 $\rho_s = 2.60\,\mathrm{g/cm^3}$，粗粒率 FM = 2.75 g/cm³，混和剤；AE 減水剤，AE 助剤

⑤ f'_c-C/W 関係：3 水準のセメント水比（$C/W = 2.5, 2.0, 1.5$）を設定して作製したコンクリート供試体の 28 日圧縮強度（3 本の平均値）がそれぞれ $f'_c = 46.7, 34.2, 21.7$ であった．これより，$f'_c = A \cdot C/W + B$ なる回帰式を最小二乗法を適用して求めると，

$$f'_c = 25.0 \times \frac{C}{W} - 15.8$$

また，コンクリートの圧縮強度の変動係数 V は既知で，$V = 10\,\%$ とする．（f'_c-C/W 関係は，各機関で作成・保存した式を用いるべきである．）

（2）試験（初期）配合　　試験配合は 6.3 b.にしたがって行う．すなわち，

① 粗骨材の最大寸法：部材最小寸法，鉄筋の最小あきおよびかぶりを考慮し，表 6.1 より $G_{\max} = 25\,\mathrm{mm}$ を選定する．

② スランプ：表 6.2 より，スランプ SL＝10 cm を採用する．
③ 空気量：表 6.3 より，いくぶん大きめの Air＝5.5％とする．
④ 水セメント比：
   a) 所要の強度より定まる水セメント比（W/C）は，配合条件⑤の f'_c–C/W 関係を用い，

$$f'_{cr} = \alpha \cdot f'_{ck} = 1.19 \times 27 = 32.1 (\text{N/mm}^2) = 25.0 \times \frac{C}{W} - 15.8$$

$$\therefore \frac{C}{W} = 52\% \quad (\alpha \text{ は式 (6.5) による})$$

   b) 所要の耐久性から定まる水セメント比は，表 6.5 より，$W/C=65\%$．
以上 a), b) より，$W/C=52\%$ とする．

⑤ 単位水量 W および細骨材率 s/a の設定
表 6.3 の概略値を用い，基準と異なる条件について，単位水量および細骨材率を補正する（表 6.8 参照）．

⑥ 各材料の単位量の算定：水セメント比 $W/C=52\%$，単位水量 $W=161$ kg/m³，細骨材率 $s/a=42\%$，空気量 Air＝5.5％のコンクリートの各材料の単位量を算定する．

・単位セメント量 C；

$$C = \frac{161}{0.52} = 310 \, (\text{kg/m}^3)$$

表 6.8　条件の変更に伴う単位水量および細骨材率の補正

概略値：$G_{MAX}=25$ mm の場合		$W_0=160$ kg/m³	$(s/a)_0=43\%$
i	変更内容	W の補正量：ΔW_i	s/a の補正量：$\Delta (s/a)_i$
1	FM＝2.80 を，2.75 に変更する(小さくする)	補正なし：$(\Delta W_1=0)$	$\Delta (s/a)_1=0.05\times[-0.5/0.1]$ $=-0.25$
2	空気量 5.0％ を，5.5％ に変更する(大きくする)	$\Delta W_2=160\times 0.5\times[-0.03/1]$ $=-2.4$	$\Delta (s/a)_2=0.5\times[-0.75/1]$ $=-0.38$
3	$W/C=55\%$ を，52％ に変更する(小さくする)	補正なし：$(\Delta W_3=0)$	$\Delta (s/a)_3=0.03\times[-1/0.05]$ $=-0.6$
4	スランプ 8 cm を，10 cm に変更する(大きくする)	$\Delta W_4=160\times 2\times[0.012/1]$ $=3.8$	補正なし：$(\Delta (s/a)_4=0)$
	補正後の値	$W=W_0+\sum \Delta W_i=161$	$s/a=\Delta (s/a)_0+\sum \Delta (s/a)_i=42\%$

6.3 コンクリートの配合

表 6.9 示方配合

| | 粗骨材の最大寸法 (mm) | スランプ (mm) | 水セメント比 W/C (%) | 空気量 Air (%) | 細骨材率 s/a (%) | 単位量(kg/m³) | | | | 混和剤 | |
						水 W	セメント C	細骨材 S	粗骨材 G	AE減水剤 (cc/m³)	AE助剤 (cc/m³)
示方配合 I	25	10±1	52	5.5±1	42	161	310	749	1062	775	1550
修正配合 I	25	10±1	52	5.5±1	41	160	308	733	1084	770	2464

・骨材の絶対容積 $a(a=1-(V_w+V_c+V_a))$;

$$a=1-\left(\frac{161}{1000}+\frac{310}{3.16\times1000}+0.055\right)=0.686\,(\mathrm{m}^3)$$

・細骨材量 $S(S=\rho_s\times V_s\times1000)$;

$$S=\rho_s\cdot a\cdot\frac{s/a}{100}\times1000$$

$$=2.60\times0.686\times0.42\times1000=749\,(\mathrm{kg/m}^3)$$

・粗骨材量 $G(G=\rho_G\times V_G\times1000)$;

$$G=\rho_G\cdot a\cdot\left(1-\frac{s/a}{100}\right)\times1000$$

$$=2.67\times0.686\times0.58\times1000=1062\,(\mathrm{kg/m}^3)$$

・AE減水剤量($C\times0.25$%使用)

$$=C\times0.0025$$

$$=310\times0.0025=775\,(\mathrm{cc/m}^3)$$

・AE助剤

$$=\text{セメント1kgあたり5cc(100倍希釈液)使用}$$

$$=1550\,(\mathrm{cc/m}^3)$$

示方配合を表 6.9 の示方配合 I として示す．

(3) 配合の修正　表 6.9 の示方配合 I のコンクリートを 50 l 分計量し，試し練りを行ったところ，スランプが 8 cm，空気量が 4.5% であった．所定の条件になるように修正配合を行う．

空気量とスランプが目標値になるように修正する．単位水量および細骨材率の補正は，表 6.3 に基づくと，表 6.10 のようになる．空気量を増やすとコンクリートの流動性がよくなり，粘性が増加するので，単位水量と s/a を減少させている．

表 6.10 スランプおよび空気量の修正に伴う単位水量および細骨材率の補正

第 1 回目の試し練りの示方配合　$W_0 = 161\,\text{kg/m}^3$　　$(s/a)_0 = 42\,\%$

i	修正内容	W の補正量：ΔW_i	s/a の補正量：$\Delta(s/a)_i$
1	スランプ 8 cm を, 10 cm に変更する(大きくする)	$\Delta W_1 = 161 \times 2 \times [0.012/1]$ $= 3.9$	補正なし：$(\Delta(s/a))_1 = 0)$
2	空気量 4.5 % を, 5.5 % に変更する(大きくする)	$\Delta W_2 = 161 \times 1 \times [-0.03/1]$ $= -4.8$	$\Delta(s/a)_2 = 1.0 \times [-0.75/1]$ $= -0.75$
	補正後の値	$W = W_0 + \sum W_i = 160$	$s/a = \Delta(s/a)_0 + \sum \Delta(s/a)_i = 41\,\%$

$W/C = 52\,\%$, $W = 160\,\text{kg/m}^3$, $s/a = 41\,\%$, $\text{Air} = 5.5\,\%$ のコンクリートの各材料の単位量を算定する.

・単位セメント量 C；

$$C = \frac{160}{0.52} = 308\,(\text{kg/m}^3)$$

・骨材の絶対容積 $a\,(a = 1 - (V_w + V_c + V_a))$；

$$a = 1 - \left(\frac{160}{1000} + \frac{308}{3.16 \times 1000} + 0.055\right) = 0.688\,(\text{m}^3)$$

・細骨材量 $S\,(S = \rho_s \times V_s \times 1000)$；

$$S = \rho_s \cdot a \cdot \frac{s/a}{100} \times 1000$$

$$= 2.60 \times 0.688 \times 0.41 \times 1000 = 733\,(\text{kg/m}^3)$$

・粗骨材量 $G\,(G = \rho_G \times V_G \times 1000)$；

$$G = \rho_G \cdot a \cdot \left(1 - \frac{s/a}{100}\right) \times 1000$$

$$= 2.67 \times 0.688 \times 0.59 \times 1000 = 1084\,(\text{kg/m}^3)$$

・AE 減水剤量 ($C \times 0.25\,\%$ 使用)

$$= C \times 0.0025$$

$$= 308 \times 0.0025 = 770\,(\text{cc/m}^3)$$

・AE 助剤

＝セメント 1 kg 当たり 8 cc（空気量 0.5～1 % を増加させるのに 2 cc 必要とするので, さきの例題に 3 cc を増加）使用

$$= 2464\,(\text{cc/m}^3)$$

示方配合を表 6.9 の修正配合 I として示す．

スランプと空気量のように条件が二つ以上異なる場合の修正は必ずしも容易でないが，この配合で試し練りを行い，スランプと空気量を測定し，両者が設定条件を満足するまで配合修正と試し練りの操作を繰り返す．

（4） 現場配合　　示方配合では，細骨材は 5 mm 以下の粒径のものを，粗骨材では 5 mm 以上の粒径のものを指し，骨材質量は表乾状態のものを対象としている．しかし，現場における骨材状態は，細・粗骨材が混在している（粗骨材の中に若干の細骨材が，あるいは細骨材の中に若干の粗骨材が含まれる）のが一般的である．さらに，品質管理の簡素化と，より高品質のコンクリートを製造するために，表乾状態ではなくサンドスタビライザーを用いることによってある一定量の表面水を含んだ細骨材が用いられる場合もある．このような材料を使用した場合には，示方配合を現場配合に換算しなければならない．

このような例を，以下に示す．ただし，もとの示方配合は，表 6.9 の修正配合 I とする．

【例 1】　細骨材の中に 5 mm 以上の粒径が $a = 5\%$，粗骨材の中に 5 mm 以下の粒径が $b = 8\%$ 含まれる細・粗骨材を用いた．ただし，これらの骨材は表乾状態であるとする．

[解]　計量（使用）する細・粗骨材の単位量を S', G'，示方配合における細・粗骨材の単位量を S, G と表記する．そうすると，

$$S = S' \cdot \left(1 - \frac{a}{100}\right) + G' \cdot \frac{b}{100}$$

$$G = S' \cdot \frac{a}{100} + G' \cdot \left(1 - \frac{b}{100}\right)$$

表 6.11　示方配合

	粗骨材の最大寸法 (mm)	スランプ (mm)	水セメント比 W/C (%)	空気量 Air (%)	細骨材率 s/a (%)	単位量(kg/m³)				混和剤	
						水 W	セメント C	細骨材 S	粗骨材 G	AE減水剤 (cc/m³)	AE助剤 (cc/m³)
元示方配合	25	10±1	52	5.5±1	41	160	308	733	1084	770	2464
現場配合①						160	308	675	1142	770	2464
現場配合②						143	308	748	1086	770	2464
現場配合③						167	308	730	1080	770	2464

上式より，$a=5$, $b=8$, $S=733\,\text{kg/m}^3$, $G=1084\,\text{kg/m}^3$ を代入して S' と G' を求めた結果を表6.11の配合①として示す．

【例2】 細骨材には表面水率 $h_1=2.1\,\%$ のものを，粗骨材には表面水率 $h_2=0.2\,\%$ のものを用いた．このときの現場配合を求めよ．

［解］ 細骨材の表乾質量を S，表面水量を ΔW_S，計算する質量を $S'(=S+\Delta W_S)$，また粗骨材の表乾質量を G，表面水量を ΔW_G，計量する質量を $G'(=G+\Delta W_G)$ と表記する．定義（式(5.2)）より，

$$h_1=\frac{\Delta W_S}{S}\times 100=\frac{S'-S}{S}\times 100, \qquad h_2=\frac{\Delta W_G}{G}\times 100=\frac{G'-G}{G}\times 100$$

また，実際に計量する水量を W'，示方配合における単位水量を W と表記すると，

$$W'=W-\Delta W_S-\Delta W_G$$

上式に，$h_1=2.1$, $h_2=0.2$, $S=733$, $G=1084$, $W=160$ を代入して，S', G', W' を求めた結果を表6.11の配合②として示す．

【例3】 細・粗骨材とも気乾状態で，細骨材には吸水量 $q_1=1.2\,\%$，含水量 $p_1=0.8\,\%$ のものを，粗骨材には吸水量 $q_2=0.6\,\%$，含水量 $p_2=0.2\,\%$ のものを用いたとき，実際に計量する細・粗骨材量 (S', G') および水量 W' を求めよ．

［解］
$$S'=S\cdot\frac{1+p_1/100}{1+q_1/100}=733\times\frac{1.008}{1.012}=730\,(\text{kg/m}^3)$$

$$G'=G\cdot\frac{1+p_2/100}{1+q_2/100}=1084\times\frac{1.002}{1.006}=1080\,(\text{kg/m}^3)$$

$$W'=W+(S-S')+(G-G')=160+3+4=167\,(\text{kg/m}^3)$$

結果を表6.11の配合③として示す．

6.4 硬化コンクリートの性質

a．圧縮強度

コンクリートの強度という言葉で表される内容は，圧縮，引張り，曲げ，せん断，支圧，付着，疲労などの各強度を含んでいる．しかし，単にコンクリート強度といえば，それは圧縮強度（compressive strength）を意味する．その理由は，圧縮強度は，他の強度（引張り，曲げ，せん断）に比較して著しく大きいこと，圧縮強度から他の強度の概略値を容易に推定できること，さらに，

鉄筋コンクリート部材の設計においては，これが有効に利用されていることなどによるものである．

コンクリートの強度に影響をおよぼす主要な要因は，次のとおりである．

（1）水セメント比　D. A. Abrams は，「同一材料，同一試験条件で，しかもワーカブルでプラスチックなコンクリートであれば，コンクリートの強度は，セメント1袋当りの使用水量によって決まる」と述べた．これが，水セメント比説（water cement ratio theory）で，Abrams は，コンクリート強度（f'_c）は，水セメント比（x）に逆比例するとして，次式を見出した．

$$f'_c = \frac{A}{B^x} \tag{6.13}$$

ここに，A，B は実験定数である．

I. Lyse は，水セメント比のかわりに，その逆数のセメント水比（C/W）を用い，コンクリート強度とセメント水比との間に，次のような直線関係があるとした．これをセメント水比説（cement water ratio theory）といい，コンクリートの配合設計に用いられることは，すでに述べたとおりである．

$$f'_c = A \cdot \frac{C}{W} + B \tag{6.14}$$

ここに，A，B は実験定数である．

（2）養　生　養生（curing）とは，コンクリート打込み後，その強度の

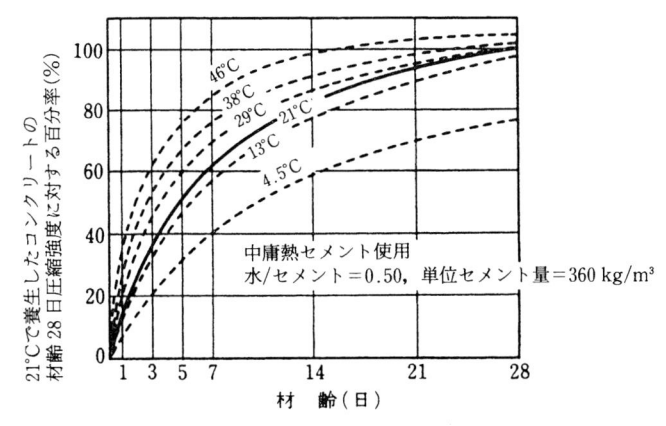

図 6.10　圧縮強度に及ぼす養生温度の影響
（川村満紀：土木材料学，p. 65，森北出版）

発現を助けるため，十分な湿度と適当な温度を与えるとともに，有害な外力の作用を防ぐことである．

図 6.10 は，養生温度が圧縮強度に及ぼす影響を示したものである．コンクリートの養生温度が高いほど，強度の発現が速いことがわかる．ただし，4.5℃で養生されたコンクリートは，材齢 28 日においても強度が低い．一般に，養生温度が 4℃以下では，コンクリート強度の増進が急激に小さくなる．特に，初期材齢において，コンクリートが凍結すると，コンクリートの組織が大きく変化し，強度発現が著しく阻害される．

逆に養生温度が高すぎると，図 6.11 に示すように早期強度は大きくなるが，長期材齢における強度は，標準温度において養生されたコンクリートよりも小さくなる．一般に，85℃以上の温度は有害であるとされている．

図 6.12 は，湿潤養生を行ったコンクリートの材齢 28 日における強度を 1 とした場合の，各種養生方法による強度の比を求めた結果を示したものである．これによれば，湿潤保存すれば長期にわたって強度が増進し，乾燥保存すれ

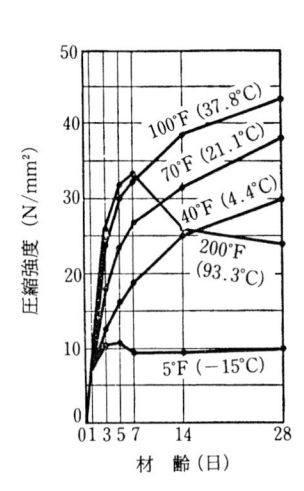

図 6.11 養生温度と圧縮強度との関係

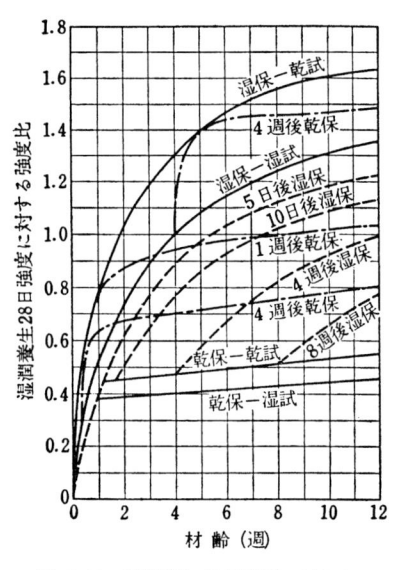

図 6.12 湿潤養生 28 日強度に対する各種養生方法の場合の強度比（J. S. Green の実験結果）

ば，セメントの水和反応の遅延または停止によって強度の増進は急激に減少することがわかる．また，乾燥保存したものを湿潤状態に移すと，強度は増進する．

（3） 材齢とマチュリティ　時間とともに水和反応が進行するため，コンクリートの強度は，材齢とともに増大し，その割合は若材齢ほど著しい．

材齢（t）と前に述べた養生温度（T）の積をマチュリティ（M）と呼び，次式で表す．

$$M = \sum t(T+10) \tag{6.15}$$

このマチュリティが同一であれば，どのような温度下で養生されても，コンクリートの強度は同一であると考えられ，次式が提案されている．

$$f_c' = A\log M + B \tag{6.16}$$

ここに，A，B は実験定数である．

一般のコンクリート構造物の設計においては，材齢28日における圧縮強度が基準とされる．しかし，構造物の強度管理という面からは，できるだけ早期に実施コンクリートの強度を知ることが望ましい．このような目的のため，次式のごとく早期強度より28日強度を推定する式も提案されている．

$$\left.\begin{array}{l}下限；f'_{28} = 1.4 f'_7 + 1 \quad (\text{N/mm}^2) \\ 上限；f'_{28} = 1.7 f'_7 + 6 \quad (\text{N/mm}^2)\end{array}\right\} \tag{6.17}$$

なお，ダムコンクリートにおける基準材齢は91日とされているが，実際に設計荷重が載荷される材齢を考慮して，91日よりも長期材齢にすべきとの議論がある．

（4） 試験方法　コンクリートの圧縮強度は，試験に供する供試体の大きさや形状，載荷面の凹凸，載荷板と供試体端面との間の摩擦の程度および載荷速度などによって異なる．

供試体の形状が相似であれば，一般に，寸法の大きいものほど強度は小さくなる．これは，大きい供試体ほどその内部に，強度の決定因子となる，ある大きさの欠陥を含む確率が高くなるためである．

供試体の形状はコンクリートの強度に大きな影響を及ぼし，供試体の高さと直径，または一辺との比が小さいほど，強度は大きくなる．わが国では，高さと直径との比が2の円柱供試体を標準供試体としている．

表 6.12 円柱供試体，立方体および角柱体各強度，相互の関係
(6×12 in 円柱供試体 28 日強度を 1 としたときの値)

材齢	円柱供試体(in)			立方体(in)		角柱体(in)	
	6×6	6×12	8×16	6	8	6×12	8×16
7日	0.67	0.51	0.48	0.72	0.66	0.48	0.48
28日	1.12	1.00	0.95	1.16	1.15	0.93	0.92
3月	1.47	1.49	1.27	1.55	1.42	1.27	1.27
1年	1.95	1.70	1.78	1.90	1.74	1.68	1.60

円柱供試体，角柱供試体および立方体供試体を用いて測定した圧縮強度の関係は，表 6.12 に示すとおりである．

供試体の加圧面が平面でないと，供試体内部に局部的な応力が発生するため，強度は低下する．JIS A 1108 では，供試体上面の凹凸は 0.02 mm 以下の平面に仕上げるように規定している．このように，供試体の載荷面を平滑に仕上げることをキャッピング（capping）という．

圧縮試験時の載荷速度は，コンクリートの強度に影響し，一般に，載荷速度が速いほど，見かけの強度は高くなる．したがって，JIS A 1108 では，標準載荷速度として，$0.2 \sim 1.0 \, \text{N/mm}^2/\text{s}$ を規定している．

b. 圧縮強度以外の強度

（1）引張強度（tensile strength）　コンクリートの引張強度は小さく，圧縮強度の 1/10～1/13 程度である．鉄筋コンクリート部材の設計においては，この引張強度は無視されるが，ひび割れの発生には，コンクリートの引張強度が直接的に影響する．

コンクリートの引張強度を求める試験方法としては，供試体に直接引張力を加える方法と，供試体内部に間接的に引張応力を発生させる方法とがある．JIS A 1113 では，後者の割裂引張試験法が採用されている．

この試験方法においては，図 6.13 に示すように，円柱供試体に線荷重を加え，AB 面に発生した引張応力によって割裂させ，そのときの破壊荷重 P から次式によって引張強度 f_t を求めることができる．

$$f_t = \frac{2P}{\pi dl} \qquad (6.18)$$

このような載荷状態においては，断面における応力は二次元的であり，とく

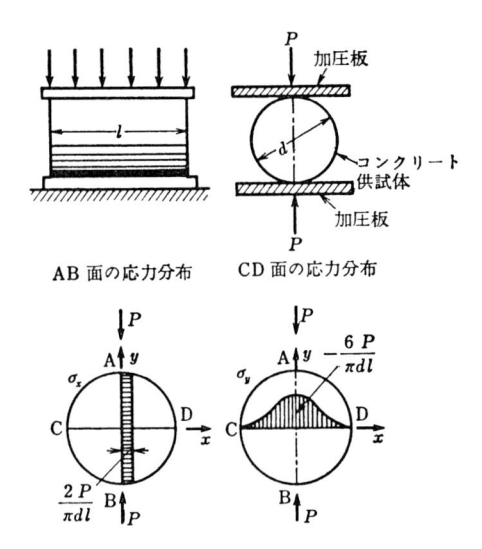

図 6.13 引張強度試験

に載荷点においては載荷方向に大きな圧縮応力が発生しており，破壊は単純な引張応力下の破壊ではない．しかし，この試験方法によって得られた引張強度は，直接引張試験の結果とほとんど差がなく，しかも測定結果のばらつきが小さいことが認められている．

（2） 曲げ強度（bending strength, modulus of rupture）　コンクリートの曲げ強度は，圧縮強度の1/5～1/8程度である．曲げ強度試験法は，JIS A 1106に規定されており，角柱供試体（$15 \times 15 \times 53$ cm または $10 \times 10 \times 40$ cm）を用い，3等分点載荷で行う．われわれが知りたい曲げ強度は，等分布荷重下のものであり，そのモーメントの形にできるだけ近いモーメントの形になるよ

表 6.13 圧縮強度，引張強度，曲げ強度の関係

σ_c	σ_t	σ_b	比					
			$100\,\sigma_t/\sigma_c$	σ_c/σ_t	$100\,\sigma_t/\sigma_b$	σ_b/σ_t	$100\,\sigma_b/\sigma_c$	σ_c/σ_b
100	10.5	20.8	10.5	9.5	50.5	1.98	20.8	4.81
200	18.5	33.0	9.2	10.8	56.0	1.78	16.5	6.03
300	25.0	42.7	8.3	12.0	58.6	1.71	14.2	7.02
400	31.0	51.7	7.8	12.9	60.0	1.67	12.9	7.74
500	37.0	60.5	7.4	13.5	61.2	1.63	12.1	8.27
600	42.5	68.5	7.1	14.1	62.0	1.61	11.4	8.76

う3等分点載荷が選ばれた．曲げ強度 (f_b) は，次式によって求められる．

$$f_b = \frac{M}{Z} \tag{6.19}$$

ここに，M は最大モーメント，Z は断面係数で，矩形断面（b：幅，h：高さ）の場合は，$Z = bh^2/6$ である．

表6.13は，コンクリートの圧縮強度，引張強度および曲げ強度の関係を示したものである．

（3） せん断強度（shear strength）　コンクリートのせん断強度を直接求める方法は，図6.14に示すように種々提案されている．これらの方法は，いずれも特定のせん断面での破壊を強制するもので，曲げの影響などにより，真のせん断強度を求めることは難しい．間接的にせん断強度を求める方法として，図6.15に示す，モールの応力円が用いられる．すなわち，コンクリートの圧縮強度および引張強度より，次式によってせん断強度が求められる．

$$f_s = \frac{\sqrt{f_c' \cdot f_t}}{2} \tag{6.20}$$

ここに，f_s，f_c' および f_t は，それぞれ，せん断強度，圧縮強度および引張強度である．

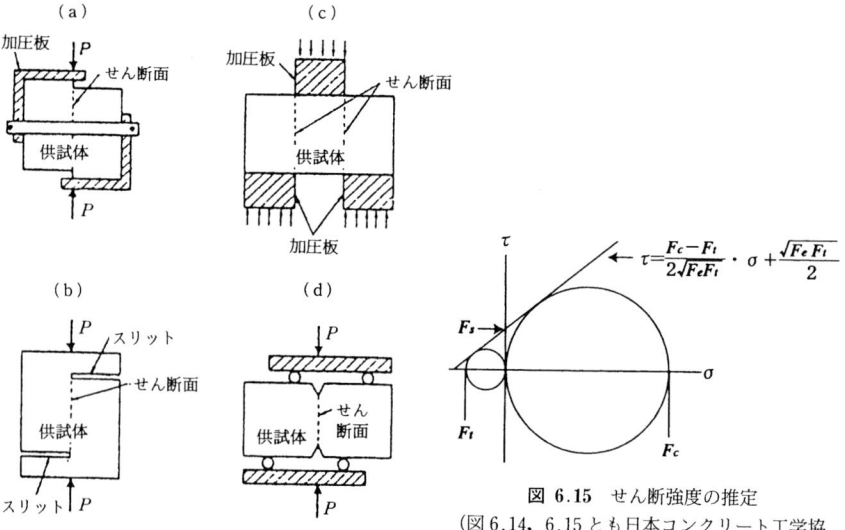

図 6.14　直接せん断試験

図 6.15　せん断強度の推定

（図6.14，6.15とも日本コンクリート工学協会編：コンクリート技術の要点'96より）

(4) 疲労強度（fatigue strength）　　静的破壊強度よりも低い応力であっても，それが繰返し載荷されると，材料は破壊に至ることがある．このような現象を疲労破壊という．繰返し応力の大きさ（上限応力まはたは応力振幅）と破壊までの繰返し回数（疲労寿命ともいい，一般に対数目盛で表す）との間には，図6.16に示すように，おおむね直線関係が成立し，これを S-N 線図と呼んでいる．なお，普通コンクリートの場合，応力振幅と静的強度との比 S_r と繰り返し回数 N との関係は，次式で表される．

$$\log N = 17\frac{1-S_{\max}}{1-S_{\min}} = 17\left(1-\frac{S_r}{1-S_{\min}}\right) \qquad (6.21)$$

ここに，$S_{\max}$ は最大応力と静的強度との比，$S_{\min}$ は最小応力と静的強度との比であり，$S_r = S_{\max} - S_{\min}$ の関係がある．

　金属材料の場合は，無限回の繰返しに耐える限界すなわち疲労限度が認められているが，コンクリートの場合，繰り返し回数1000万回の範囲内ではまだ疲労限度が確認されていない．このような場合，ある繰返し回数に耐える応力をもって疲労強度としている．コンクリートの場合，200万回疲労強度が用いられるが，それは，静的強度の55～65％程度である．疲労強度を定める繰返し回数は，構造物の供用期間中に材料が受ける荷重の繰返し回数を想定して決定されるべきものである．

c．コンクリートの変形特性

（1）応力-ひずみ曲線（stress-strain curve）　　コンクリートの応力-ひ

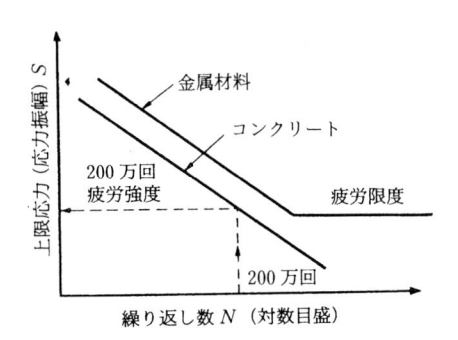

図 6.16　疲労限度と疲労強度
（日本コンクリート工学協会編：コンクリート技術の要点 '96 より）

図 6.17 コンクリートの応力とひずみとの関係

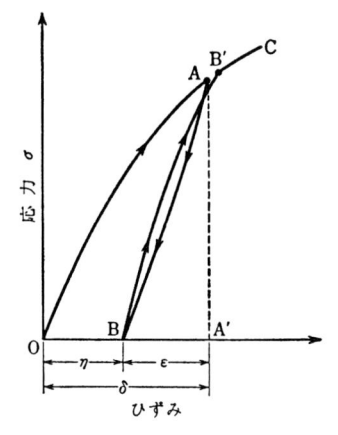

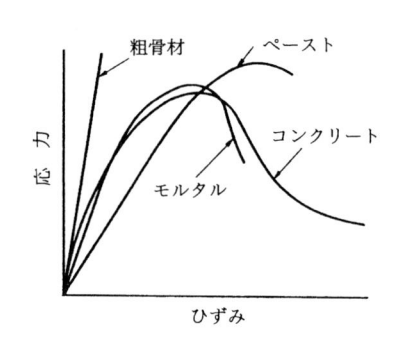

図 6.18 コンクリートおよび各材料の σ-ε 曲線
（伊東茂冨：コンクリート工学, p.109, 森北出版）

ずみ曲線は，図 6.17 に示すように，載荷の初期の段階から曲線となる．図 6.17 において，A 点まで荷重を加え，その後減じると，応力度が 0 になってもひずみは完全にもとにもどることはない．このような除荷後に残るひずみ（η）を残留ひずみという．一方除荷時に回復するひずみ（ε）を弾性ひずみという．再び荷重を加えると，ヒステリシスループを描き，B′ 点に達する．

ペーストや骨材の応力-ひずみ曲線は，図 6.18 に示すように，ほぼ直線とみなすことができるが，モルタルやコンクリートの場合は，低応力の段階から曲線である．これはコンクリート内部，特にペーストと骨材との界面に発生する微小ひび割れに起因するものであると考えられる．

鉄筋コンクリートの設計においては，部材断面の終局耐力を算定するため，コンクリートが破壊に至るまでの応力-ひずみ曲線の形が必要とされる．RC 標準示方書においては，図 6.19 に示すようなモデル化された応力-ひずみ曲線を設計で用いるよう定めている．

（2） 弾性係数（modulus of elasticity）　静的載荷試験によって得られた応力-ひずみ曲線より求めた弾性係数を静弾性係数といい，後述の動弾性係数と区別している．

コンクリートの静弾性係数としては，次に示す 3 種類が定義されている（式中 α, α_1, α_0 は図 6.20 に従う）．

6.4 硬化コンクリートの性質

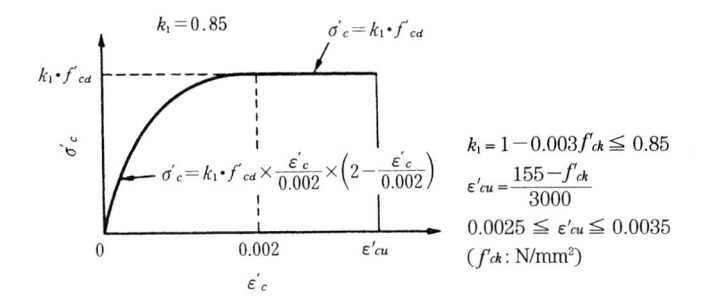

図 6.19 コンクリートのモデル化された応力-ひずみ曲線
（土木学会編：コンクリート標準示方書より）

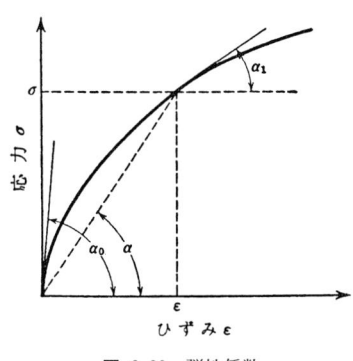

グラフ中の式：
- $k_1 = 0.85$
- $\sigma'_c = k_1 \cdot f'_{cd}$
- $\sigma'_c = k_1 \cdot f'_{cd} \times \dfrac{\varepsilon'_c}{0.002} \times \left(2 - \dfrac{\varepsilon'_c}{0.002}\right)$
- $k_1 = 1 - 0.003 f'_{ck} \leqq 0.85$
- $\varepsilon'_{cu} = \dfrac{155 - f'_{ck}}{3000}$
- $0.0025 \leqq \varepsilon'_{cu} \leqq 0.0035$
- (f'_{ck} : N/mm^2)

図 6.20 弾性係数

$$\begin{aligned}
\text{初期接線弾性係数：} & \quad E_i = \tan\alpha_0 \\
\text{接線弾性係数：} & \quad E_t = \tan\alpha_1 \qquad (6.22)\\
\text{割線弾性係数：} & \quad E = \sigma/\varepsilon = \tan\alpha
\end{aligned}$$

　鉄筋コンクリートの設計に用いられるのは，静的強度の1/3点と原点とを結んだ直線の勾配で表される割線弾性係数である．

d．収縮およびクリープ

　コンクリートの収縮（shrinkage）には，乾燥収縮（drying shrinkage），自己収縮（autogeneous shrinkage）および炭酸化収縮（carbonation shrinkage）がある．なお，フレッシュコンクリートの水分蒸発にともなう容積の減少をプラスチック収縮（plastic shrinkage）という．

コンクリートの自己収縮とは，セメントの水和反応の進行により，セメントペーストの体積が，減少し収縮する現象である．

コンクリートの乾燥収縮は，コンクリート中の水分が外部へ逸散することによって生じたセメントペーストの収縮であり，コンクリート特有の現象である．

乾燥収縮の機構そのものについての詳細は現在のところ十分には解明されていない．コンクリートの乾燥収縮は多くの要因によって異なり，基本的にはセメントペーストの収縮で，その原因として，水の逸散と余剰水の表面張力によるセメントペーストの収縮が考えられている．

硬化したセメントペースト中の水は，結晶水と非結晶水（ゲル水，吸着水，遊離水など）の2形態に分けられ，乾燥に伴ってまず遊離水が消失し，続いてゲル水が逸散し始めるとともに収縮が生ずる．

乾燥の進行に伴って水和生成物の結晶間に存在する余剰水は細孔の狭い部分に移動し，その部分の表面張力が大きくなり，結晶そのものが引き寄せられることによって収縮が生じる．

コンクリートの乾燥収縮に影響を及ぼす因子は多い．図6.21は，コンクリートの単位水量および単位セメント量が乾燥収縮に及ぼす影響を示したもので，単位水量の乾燥収縮に及ぼす影響が著しい．

コンクリート中の骨材の収縮は，セメントペーストのそれよりもはるかに小さいので，セメントペーストの収縮を拘束し，コンクリートの乾燥収縮を減少させる．すなわち，骨材量が多いほど，骨材の弾性係数が大きいほど，コンクリートの乾燥収縮は小さくなる．

部材寸法が大きいほど，部材の容積/表面積比が大きいほど，コンクリートの乾燥収縮は小さくなる．

環境の湿度が高い場合，コンクリート中の水分の外部への逸散が妨げられ，乾燥収縮の進行は遅くなる．

コンクリートの乾燥収縮がなんらかの拘束を受けると，それによって発生した引張応力によりひび割れを生じることがあり，コンクリートの耐久性に大きな影響をおよぼす．

一定持続応力下において，コンクリートのひずみは時間とともに進行する．

6.4 硬化コンクリートの性質

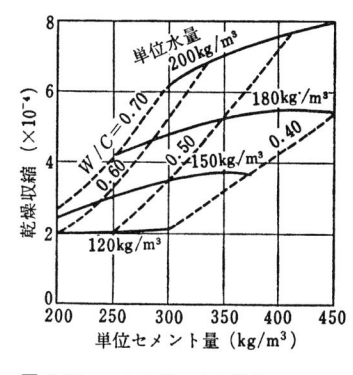

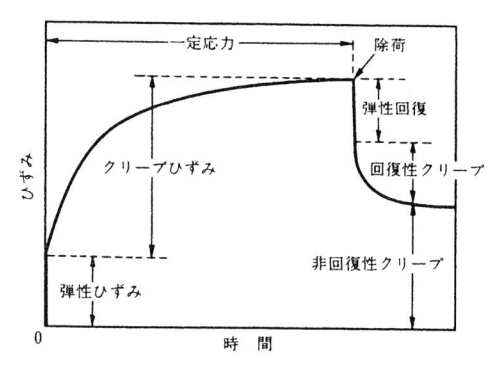

図 6.21 コンクリートの単位セメント量，水量と乾燥収縮

図 6.22 回復および非回復クリープひずみ

これをクリープ（creep）といい，セメントゲル内のゲル水の持続応力による圧出（シーページ効果），弾性ひずみの時間的な遅れ（遅延弾性），粘性流動，局部的な破壊などの原因によると考えられている．図 6.22 に示すように，持続荷重を載荷すると，その大きさに応じて瞬間的な弾性ひずみを生じ，その後，コンクリートのひずみは時間とともに増大する．ひずみ速度は時間とともに小さくなり，持続応力がクリープ破壊を起こすほど大きくない場合には，コンクリートのクリープひずみは，やがて一定値に収れんする．持続荷重を除荷すると，弾性ひずみが瞬間的に回復し，その後，クリープひずみが徐々に回復する．この回復性のクリープひずみも一定値に収れんし，非回復性のクリープひずみが，永久変形として残留する．すなわち，クリープひずみは，回復性の成分と非回復性の成分とからなる．

コンクリートのクリープに影響を及ぼす因子は多く，コンクリートの材料の性質，配合，環境条件，荷重条件および部材寸法などがある．

コンクリートの配合は，一般に水セメント比が大きいほどクリープは大きくなる．

環境の湿度が低いほど，クリープひずみは大きくなる．また，温度が高くなるほど，クリープひずみは大きくなる．

部材の寸法および容積/表面積比が小さいほど，クリープひずみは大きくなる．

コンクリートのクリープひずみは，持続応力の大きさがコンクリートの静的

強度の40％程度以下であれば，持続応力に比例することが認められている．これは，Davis-Glauville の法則と呼ばれ，コンクリート構造物の設計においてクリープを考慮する場合に便利な法則である．

コンクリートのクリープひずみは持続荷重載荷時の材齢が若いほど大きい．

プレストレストコンクリート部材においては，コンクリートのクリープおよび収縮により，導入プレストレスが減少するため，設計においてはこれを正しく予測しなければならない．一方，不静定構造物においては，コンクリートのクリープにより，不静定力が緩和される．

コンクリート構造物の設計において，コンクリートの乾燥収縮ひずみやクリープひずみを求める必要がある場合には，同一のコンクリートを用い，実験によってこれらのひずみを求めることが望ましい．しかし，それができない場合には，学協会で認められた，乾燥収縮およびクリープひずみ予測式を用いるか，さらに簡単には，表 6.14 と表 6.15 に示した，乾燥収縮およびクリープ係数（クリープひずみ/弾性ひずみ）の土木学会による推奨値を用いることができる．

RC 示方書では，乾燥収縮およびクリープ予測式として次式を示している．すなわち，コンクリートの材齢 t_0 から t までの収縮ひずみ $\varepsilon'_{cs}(t, t_0)$ は，次

表 6.14 コンクリートの乾燥収縮ひずみ（$\times 10^{-6}$）

環境条件 \ コンクリート材齢*	3日以内	4～7日	28日	3カ月	1年
屋 外 の 場 合	400	350	230	200	120
屋 内 の 場 合	730	620	380	260	130

＊設計で乾燥収縮を考慮するときの乾燥開始材齢．
（土木学会編：コンクリート標準示方書より）

表 6.15 普通コンクリートのクリープ係数

環境条件	プレストレスを与えたときまたは載荷するときのコンクリートの材齢				
	4～7日	14日	28日	3カ月	1年
屋 外	2.7	1.7	1.5	1.3	1.1
屋 内	2.4	1.7	1.5	1.3	1.1

（土木学会編：コンクリート標準示方書より）

式で求められる．

$$\varepsilon'_{cs}(t,t_0) = [1-\exp\{-1.08(t-t_0)^{0.56}\}] \cdot \varepsilon'_{sh} \qquad (6.23)$$

ここに，

$$\varepsilon'_{sh} = -50 + 78\left\{1-\exp\left(\frac{RH}{100}\right)\right\} + 38\log_e W - 5\left\{\log_e\left(\frac{V/S}{10}\right)\right\}^2 \qquad (6.24)$$

ε'_{sh}；収縮ひずみの最終値（$\times 10^{-5}$）

RH；相対湿度（%）

W；単位水量（kg/m³）

V；部材，供試体の体積（mm³）

S；外気に接する面積（mm²）

t_0；乾燥開始時材齢（日）

t；乾燥中のコンクリートの材齢（日）

また，材齢 t' に載荷されたコンクリートの材齢 t における単位応力当りのクリープひずみ $\varepsilon'_{cc}(t,t',t_0)$ は，次式で求められる．

$$\varepsilon'_{cc}(t,t',t_0) = [1-\exp\{-0.09(t-t')^{0.6}\}] \cdot \varepsilon'_{cr} \qquad (6.25)$$

ここに，

$$\varepsilon'_{cr} = \varepsilon'_{bc} + \varepsilon'_{dc} \qquad (6.26)$$

$$\varepsilon'_{bc} = \frac{15(C+W)^{2.0}(W/C)^{2.4}}{(\log_e t')^{0.67}} \qquad (6.27)$$

$$\varepsilon'_{dc} = \frac{4500(C+W)^{1.4}(W/C)^{4.2}(1-RH/100)^{0.36}}{[\log_e\{(V/S)/10\}]^{2.2} \cdot t_0^{0.36}} \qquad (6.28)$$

ε'_{cr}；単位応力当りのクリープひずみの最終値（$\times 10^{-10}/(N/mm²)$）

ε'_{bc}；単位応力当りの基本クリープひずみの最終値（$\times 10^{-10}/(N/mm²)$）

ε'_{dc}；単位応力当りの乾燥クリープひずみの最終値（$\times 10^{-10}/(N/mm²)$）

C；単位セメント量（kg/m³）

t'；載荷時材齢（日）

6.5 コンクリートの耐久性

a．コンクリート構造物の劣化と耐久性

コンクリート構造物の劣化は，コンクリート自体の劣化と，コンクリート部材としての劣化があり，分類すると図6.23のようになる．したがって，コン

クリートの耐久性（durability）とは，図6.23に示した種々の作用に抵抗し，長年月にわたって使用に耐える性質であると定義できる．コンクリートの耐久性は，強度とともに，コンクリートの有する重要な性質であり，構造物の設計において考慮しなければならない要因の一つである．

コンクリートおよびコンクリート構造物の耐久性の低下とひび割れとは，きわめて密接に関係する．コンクリートのひび割れは，その原因によってほぼその特徴がきまっており，したがって，ひび割れから劣化の原因を推測することも，ある程度まで可能である．ひび割れの発生が，劣化あるいは耐久性低下の前兆を表すものとなることもある．また，ひび割れの発生によって，さらに劣化が進行するのが普通である．すなわち，ひび割れより有害な気体や水が侵入し，さらに劣化が進行する．

表6.16（107ページ）は，コンクリートに発生するひび割れの原因と特徴を一括して示したものである．表6.12から明らかなように，コンクリートに発生するひび割れは，その原因によって次のように大別できる．すなわち，

① コンクリートの材料的性質に関係するもの
② 施工上の欠陥に関係するもの
③ 使用，環境条件に関係するもの
④ 構造，外力などに関係するもの

である．

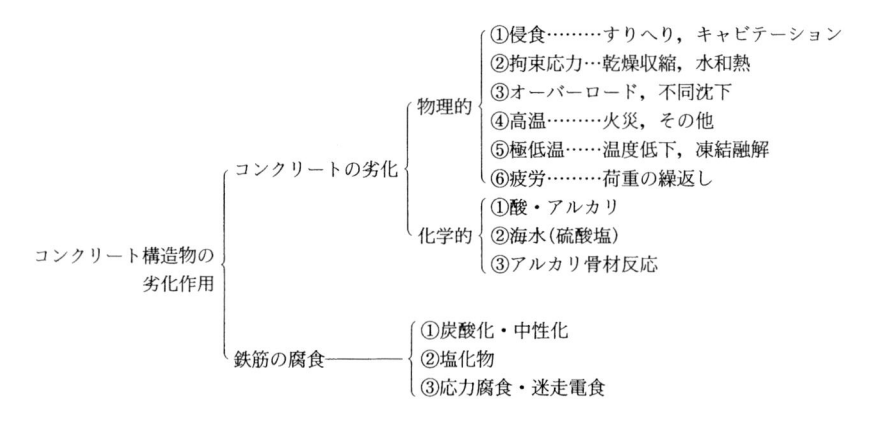

```
                                  ┌物理的┬①侵食………すりへり，キャビテーション
                                  │      ├②拘束応力…乾燥収縮，水和熱
                                  │      ├③オーバーロード，不同沈下
                    ┌コンクリートの劣化┤      ├④高温………火災，その他
                    │             │      ├⑤極低温……温度低下，凍結融解
                    │             │      └⑥疲労………荷重の繰返し
コンクリート構造物の─┤             │
     劣化作用        │             └化学的┬①酸・アルカリ
                    │                    ├②海水(硫酸塩)
                    │                    └③アルカリ骨材反応
                    │
                    └鉄筋の腐食────┬①炭酸化・中性化
                                    ├②塩化物
                                    └③応力腐食・迷走電食
```

図 6.23 コンクリート構造物の劣化作用

実際のコンクリート構造物に発生するひびわれの原因は複雑で，単独の原因によるものはまれである．したがって，原因の究明あるいは対策を考える場合には，種々の原因を考えあわせ，総合的に判断する必要がある．

b．乾燥収縮によるひび割れ

コンクリートの乾燥に伴う収縮が自由に生じる場合にはひび割れは発生しないが，通常は何らかの拘束を受けて引張応力が生じ，その引張応力度がコンクリートの引張強度を超えるとひび割れ，つまり乾燥収縮ひび割れが発生することになる．

コンクリート部材の拘束は内部拘束と外部拘束に分けて考えることができる．

コンクリート中の水分は内部から表面に移動するので，コンクリート部材の表面に近い部分と中心部とで乾燥状態に差が生じることになる．この結果，コンクリートの表面と内部で乾燥収縮量に差が生じるが，部材は一体となって収縮するため表面部のコンクリートの収縮は拘束されて引張応力が生じ，中心部にはその引張応力に見合った圧縮応力が生じる．この内部拘束によるコンクリート表面のひび割れは，コンクリートの打設後かなり早段階からが発生する．また，これらの応力は時間の経過とともにコンクリート内部の湿度状態が均衡に達すると消失する．

この種のひび割れは，部材厚さが大きい構造物ほど発生，進行が遅く，ひび割れ幅，深さとも小さい．また，コンクリート中の骨材は乾燥収縮が生じないので，それらによって内部拘束が生じ乾燥収縮ひび割れが生じる場合がある．

外部拘束の例としては，コンクリートの擁壁や壁スラブの収縮が基礎，基礎はり，柱，はりなどによって拘束されることがあげられ，鉄筋コンクリート部材の内部における鉄筋による拘束も外部拘束とみなされる．

建築構造で，柱とはりによって4辺が固定（拘束）された壁や柱によって2辺が拘束されたはりは外部拘束の典型的な例である．一方，長大コンクリート構造物の場合，地中にあって収縮しない基礎や基礎はりの拘束によって，壁やスラブのみならずはりにも収縮ひび割れが発生する．

この種のひび割れは，コンクリートの耐久性に悪影響を及ぼす有害なひび割れに進展したり誘発したりするもとになることが多々ある．したがって，乾燥収縮によるひび割れはえてして軽視されがちであるが，その防止ないし軽減に

対しては十分な注意を払っておかなければならない．この種のひび割れを阻止ないし緩和することができる唯一の有効な手段は乾燥収縮そのものを小さくすることである．

c．凍結融解作用

セメントペースト中に存在する毛細管空隙やコンクリート中の微細ひびわれ中に存在する水が凍結すると，約9％の容積増加が起こり，それによって周囲に膨張圧（氷結圧）を与える．このような膨張圧によって生じる応力がセメントペーストの強度を上まわると局部的な破壊を生じ，それがコンクリートの劣化につながる．このような凍結融解作用によるコンクリートの劣化は，寒冷地においてはきわめて深刻な問題である．

しかし，AE剤の添加によってセメントペースト中に気泡が適当な間隔で分布していると，水が気泡に移動することによって膨張圧が緩和される．図6.24は，その機構を模式的に示したもので，連行空気により膨張圧が緩和される様子がうかがわれる．

コンクリートの凍結融解に対する耐久性は，凍結融解促進試験法（土木学会規準 JSCE-G 501 あるいは JIS A 6204）によって評価され，次式により得られる耐久性指数（durability factor）DF を用いて判定される．

$$DF = \frac{PN}{M} \tag{6.29}$$

ここに，P は凍結融解 N サイクルにおける相対動弾性係数（％），N は P が60％になったときの凍結融解サイクル数，または，P が試験終了時（たとえば，300 あるいは 200 サイクル）までに 60％にならないときは，試験終了時サイクル数，M はあらかじめ定められている凍結融解サイクル数（通常は，300 あるいは 200 サイクル）である．

図6.25は，凍結融解促進試験結果を示したもので，AE剤添加コンクリートの耐久性が優れていることがわかる．なお，コンクリートの耐凍結融解抵抗性は，図6.26に示すように空気量と密接に関係する．気泡間隔係数は，約200～250以下程度が有効である．

d．中　性　化

中性化とは，大気中の炭酸ガスにより，コンクリート中の水酸化カルシウム

表 6.16 ひび割れの原因と特徴

ひび割れの原因		ひび割れの特徴
1. コンクリートの材料的性質に関係するもの	①セメントの異常凝結	幅が大きく，短いひび割れが，比較的早期に不規則に発生する．
	②セメントの異常膨張	放射形の網状のひび割れが発生する．
	③コンクリートの沈下およびブリージング	打設後1～2時間で鉄筋の上部や壁と床の境目などに断続的に発生．
	④骨材に含まれている泥分	コンクリート表面の乾燥につれ不規則に網状のひび割れが発生．
	⑤セメントの水和熱	断面の大きいコンクリートで，1～2週間してから直線状のひび割れがほぼ等間隔に規則的に発生する．表面だけのものと部材を貫通するものとがある．
	⑥コンクリートの硬化・乾燥収縮	2～3カ月してから発生し，次第に成長する．開口部や柱・はりに囲まれた隅部には斜めに，細長い床・壁・はりなどにはほぼ等間隔に垂直に発生する．
	⑦反応性骨材や風化岩の使用	コンクリート内部からぽつぽつ爆裂状に発生．多湿な箇所に多い．
2. 施工上の欠陥に関係するもの	①長時間の練混ぜ	全面に網状のひび割れや長さの短い不規則なひび割れが発生する．
	②ポンプ圧送の際のセメント量・水量の増量	1.③や1.⑥のひび割れが発生しやすくなる．
	③配筋の乱れ，鉄筋のかぶり厚さの減少	床スラブでは周辺に沿ってサークル状に発生する．配筋・配管の表面に沿って発生する．
	④急速な打込み速度	2.⑥や1.③のひび割れが発生する．
	⑤不均一な打込み・豆板	各種のひび割れの起点となりやすい．
	⑥型枠のはらみ	型枠の動いた方向に平行し，部分的に発生する．
	⑦打継ぎ処理の不良	打継ぎ箇所やコールドジョイントがひび割れとなる．
	⑧硬化前の振動や載荷	4.の外力によるひび割れと同様である．
	⑨初期養生の不良（急激な乾燥）	打込み直後，表面の各部分に短いひび割れが不規則に発生する．
	⑩初期養生の不良（初期凍結）	細かいひび割れで，脱型するとコンクリート面が白っぽく，スケーリングする．
	⑪支保工の沈み	床やはりの端部上方および中央部下端などに発生する．
3. 使用・環境条件に関係するもの	①環境温度・湿度の変化	1.⑥のひび割れに類似している．発生したひび割れは，温度・湿度変化に応じて変動する．
	②コンクリート部材両面の温・湿度差	低温側または低湿側の表面に，曲り方向と直角に発生する．
	③凍結・融解の繰返し	表面がスケーリングを起こし，ぼろぼろになる．
	④火災・表面加熱	表面全体に細かい亀甲状のひび割れが発生する．
	⑤内部鉄筋の腐食膨張	鉄筋に沿って大きなひび割れが発生し，かぶりコンクリートがはく落したり錆が流出したりする．
	⑥酸・塩類の化学作用	表面が侵されたり，膨張性物質が形成され全面に発生する．

（次頁に続く）

表 6.16 (続き)

4. 構造・外力などに関係するもの	①オーバーロード（地震・積載荷重）（せん断）	はりや床の引張側に，垂直にひび割れが発生する．
	②オーバーロード（地震・積載荷重）（曲げ）	柱・はり・壁などに45°方向にひび割れが発生する．
	③断面・鉄筋量不足	4.①，4.②と同じ，床やひさしなどでは垂れ下がる方向に平行するひび割れが発生する．
	④構造物の不同沈下 ⑤繰返し荷重 ⑥設計の不良	45°方向に大きなひび割れが発生する．

(日本コンクリート工学協会編：コンクリート技術の要点'96 より)

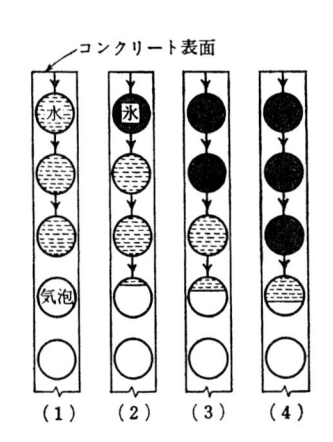

図 6.24 凍結融解作用の機構

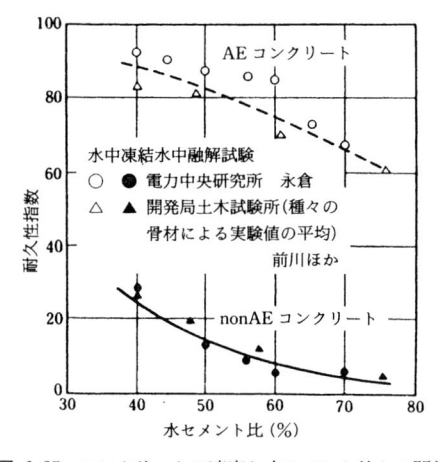

図 6.25 コンクリートの凍害と水セメント比との関係

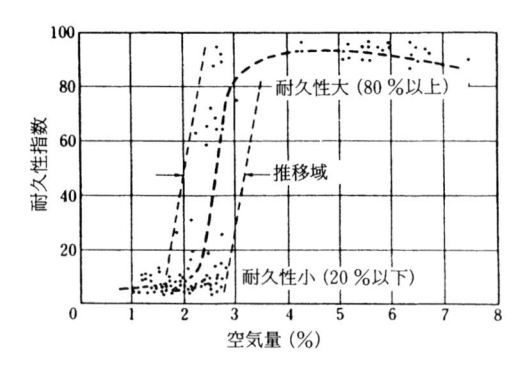

図 6.26 コンクリートの凍害と空気量との関係
（種々の骨材・セメント量・水セメント比・空気量による結果）
(日本コンクリート工学協会編：コンクリート技術の要点'96 より)

が炭酸カルシウムになり，コンクリートのアルカリ性が低下する現象である．すなわち，

$$Ca(OH)_2 + CO_2 \longrightarrow CaCO_3 + H_2O \qquad (6.30)$$

となってアルカリ性を失う．

　鉄筋を保護しているコンクリート（かぶり）が中性化し，さらに水や空気が浸透してくると，鉄筋が腐食して膨張し，コンクリートにひび割れを発生させる．ひび割れが発生すると，中性化はさらに進行し，有害な気体や水が浸透し，コンクリートの劣化が促進される．

e. 耐 食 性

　凹凸や急な屈曲をもつコンクリート表面に沿って高速の水が流れると，障害物と流れとの間に空洞が生じる．このような空洞現象をキャビテーション（cavitation）と呼んでいる．この空洞部では負圧と高圧が繰返し生じるため，打撃を繰り返すと同様な破壊作用を及ぼし，コンクリートは損傷を受ける．

　すりへり（abrasion）は，水工構造物や舗装，床などの表層コンクリートが受ける損食である．このすりへり作用には，スパイクタイヤなどによるすりみがき作用と，流水中の砂粒などによる突き砕き作用とがある．

　コンクリートのすりへりは，最初は表面に近いモルタル部で生じ，その結果，内部の粗い砂や粗骨材が露出するようになる．この段階になると，骨材のすりへり抵抗性が問題になる．

　キャビテーションやすりへりに対する抵抗性は，水セメント比およびスランプの小さい高密度，高強度のコンクリートを十分に締め固め，さらに十分な湿潤養生を行うことによってかなり改善される．

f. 耐硫酸塩性

　海水がコンクリートにおよぼす化学作用は，主として硫酸マグネシウム（$MgSO_4$），硫酸カルシウム（$CaSO_4$）などの硫酸塩によるものである．硫酸塩は，コンクリート中の水酸化カルシウムと反応して石膏を生成する．

$$MgSO_4 + Ca(OH)_2 + 2H_2O \longrightarrow$$
$$CaSO_4 \cdot 2H_2O + Mg(OH)_2 \qquad (6.31)$$

さらに，石膏は，アルミン酸三石灰と反応して，カルシウムサルフォアルミネート（エトリンガイトあるいはセメントバチルスともいう）を生成する．

$$3\,CaO \cdot Al_2O_3 + 6\,H_2O \longrightarrow 3\,CaO \cdot Al_2O_3 \cdot 6\,H_2O \qquad (6.32)$$

$$3\,CaO \cdot Al_2O_3 \cdot 6\,H_2O + 3(CaSO_4 \cdot 2\,H_2O) + 20\,H_2O$$
$$\longrightarrow 3\,CaO \cdot Al_2O_3 \cdot 3\,CaSO_4 \cdot 32\,H_2O \qquad (6.33)$$

このような反応によってエトリンガイトが生成されるとき，きわめて大きな体積膨張をともなう．そのため，コンクリートに膨張性のひび割れを生じ，組織がゆるみ，コンクリートの劣化が進行する．

このような化学作用に対する耐久性を大きくするためには，密実な，水セメント比の小さいコンクリートとすることが望ましい．

g. 水密性

水理構造物や水槽などにおいては，コンクリートの水密性（防水性）が要求される．さらに，コンクリートの水密性は，有害な気体や液体のコンクリート内部への侵入および移動を防ぐためにも重要な性質である．したがって，コンクリートの水密性が要求される場合には，すでに述べたように，コンクリートの配合設計において，水セメント比の制限をもうけることによって対応している．

h. アルカリ骨材反応 (alkali-aggregate reaction)

コンクリート内部の細孔溶液中に存在する水酸化ナトリウム（NaOH）や水酸化カリウム（KOH）と，骨材中のシリカ鉱物（アルカリ反応性鉱物）との間の反応をアルカリシリカ反応という．この反応によってアルカリシリカゲルが生成され，このゲルが周囲より水を吸収することによって膨張し，そのときに発生する圧力によってひび割れが生じる．アルカリシリカ反応によるひび割れは，その特徴がはっきりしており，無筋コンクリート構造物においては120度で分岐した亀甲状のひび割れとなるが，鉄筋コンクリート構造物においては，鉄筋による拘束のため，無筋コンクリートの場合のようなひび割れとはならない．いずれにしろそのひび割れ幅はきわめて大きく，コンクリートに重大な損傷を与え，その耐久性を著しく低下させる．

アルカリシリカ反応は，① 反応性鉱物を含む骨材が存在すること，② コンクリート内部のアルカリ度がある限度値以上になること，③ 十分な水分が供給されることによって生じる．したがって，アルカリシリカ反応を防止するためには，これらの条件のうち，少なくとも一つを除去すればよいことになる．

```
         Fe(OH)₃  水酸化第二鉄
             ↑ ½H₂O + ¼O₂
         Fe(OH)₂  水酸化第一鉄
             ↑ 2OH⁻  H₂O + ½O₂
         Fe⁺⁺       2e⁻
                              不動態被膜
   ┌─────┐         ┌─────┐
   │アノード│  2e⁻   │カソード│
   └─────┘         └─────┘
```

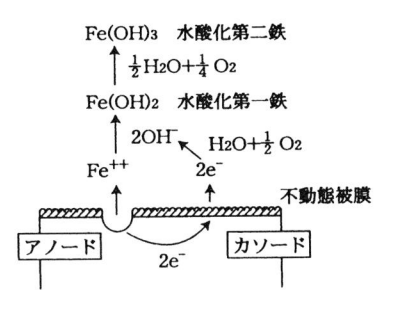

図 6.27 鉄筋の腐食機構

アルカリシリカ反応を防止する基本は，反応性骨材を使用しないことである．やむを得ず使用しなければならないときは，次のいずれかの対策を行う．① 低アルカリセメントを使用する．② コンクリート中のアルカリ総量を 3.0 kg/m³ 以下とする．③ 高炉セメントやフライアッシュセメントを使用する．

i. 鉄筋の腐食

コンクリートはアルカリ性を呈し（pH＝12〜13），このような環境下においては，鉄筋の表面に不動態被膜ができるため，コンクリートの中性化が進行しなければ，鉄筋は腐食しない．この不動態被膜が塩化物イオン（Cl⁻）などによって破壊されると，そこがアノードとなり，次の反応によって鉄がイオン化する（図 6.27）．

$$2\,\mathrm{Fe} \longrightarrow \mathrm{Fe}^{2+} + 4\,\mathrm{e}^- \tag{6.34}$$

一方，鉄筋の健全な部分がカソードとなり，次の反応によって水酸イオンが発生する．

$$\mathrm{O}_2 + 2\,\mathrm{H}_2\mathrm{O} + 4\,\mathrm{e} \longrightarrow 4\,\mathrm{OH}^- \tag{6.35}$$

これらは互いに等しい速度で進行し，次の反応により水酸化第一鉄ができる．

$$2\,\mathrm{Fe} + \mathrm{O}_2 + 2\,\mathrm{H}_2\mathrm{O} \longrightarrow 2\,\mathrm{Fe(OH)}_2 \tag{6.36}$$

さらに，溶存酸素で酸化され，水酸化第二鉄になる．

$$4\,\mathrm{Fe(OH)}_2 + \mathrm{O}_2 + 2\,\mathrm{H}_2\mathrm{O} \longrightarrow 4\,\mathrm{Fe(OH)}_3 \tag{6.37}$$

コンクリート中の鉄筋が錆びると，その体積はもとの約 2.5 倍に膨張し，その膨張圧によってかぶりコンクリートにひび割れを生じさせ，はく離を引き起こさせる．ひび割れが生じると，酸素や水分の供給が容易となり，鉄筋の腐食はより促進され，さらにひび割れが進行し，構造物は著しく劣化する．このよ

うな現象を，一般に塩害と呼ぶ．

コンクリート中の鉄筋の腐食を防ぐためには，① コンクリート中の塩化物イオン量を少なくする，② 密実なコンクリートとする，③ ひび割れ幅を小さく制限したり，かぶりを十分にとり，水分や酸素の供給を少なくする，④ 樹脂塗装鉄筋の使用やコンクリート表面のライニングなどの方法が有効である．

RC 示方書においては，コンクリート中の塩化物イオンの総量を $0.30\,\mathrm{kg/m^3}$ に制限している．また，環境条件に応じて，最小かぶりを大きくするなどの対策を講じている．

6.6 レディーミクストコンクリート

レディーミクストコンクリート (ready mixed concrete) は，ダム用コンクリートのように工事現場でコンクリートを製造するのではなく，専門の工場で練り混ぜ，製造し，トラックアジテータなどによって現場に運搬し，打込みされるもので，現在，一般のコンクリート構造物の大部分がレディーミクストコンクリートを用いて建設されている．レディーミクストコンクリートは，工場製品であるため，その製品，品質，製造方法などについては，JIS A 5308 で規定されている．

レディーミクストコンクリートを発注するときは，荷卸し地点で必要とする品質を定め，表 6.17 に示した呼び強度とスランプの組合せの中から選び，必

表 6.17　レディーミクストコンクリートの種類(JIS A 5308)

	粗骨材の最大寸法 (mm)	スランプ又はスランプフロー* (cm)	呼び強度												
			18	21	24	27	30	33	36	40	42	45	50	55	60	曲げ 4.5
普通コンクリート	20, 25	8, 10, 12, 15, 18	○	○	○	○	○	○	○	○	○	○	—	—	—	—
		21	—	○	○	○	○	○	○	○	○	○	—	—	—	—
	40	5, 8, 10, 12, 15	○	○	○	○	○	○	○	—	—	—	—	—	—	—
軽量コンクリート	15	8, 10, 12, 15, 18, 21	○	○	○	○	○	○	○	○	—	—	—	—	—	—
舗装コンクリート	20, 25, 40	2.5, 6.5	—	—	—	—	—	—	—	—	—	—	—	—	—	○
高強度コンクリート	20, 25	10, 15, 18	—	—	—	—	—	—	—	—	—	○	○	○	○	—
		50, 60	—	—	—	—	—	—	—	—	—	—	○	○	○	—

＊：荷卸し地点の値であり，50 cm および 60 cm がスランプフローの値である．

要な事項については，適宜その内容を指定する．

　表中の○印は規格品で，その空気量は，普通コンクリートおよび舗装コンクリートの場合は 4.5％，軽量コンクリートの場合は 5.0％とする．

　購入者が生産者と協議のうえ指定できる事項は，次の通りである．① セメントの種類，② 骨材の種類，③ 粗骨材の最大寸法，④ 骨材のアルカリ反応性による区分．区分 B の骨材を使用する場合は，アルカリ骨材反応の抑制方法，⑤ 混和材料の種類および使用量，⑥ JIS A 5308 に定める塩化物含有量の上限値と異なる場合は，その上限値，⑦ 呼び強度を保証する材齢，⑧ JIS A 5308 に定める空気量と異なる場合は，その値，⑨ 軽量コンクリートの場合は，コンクリートの単位容積質量，⑩ コンクリートの最高または最低の温度，⑪ 水セメント比の上限値，⑫ 単位水量の上限値，⑬ 単位セメント量の下限値または上限値，⑭ 流動化コンクリートの場合は流動化する前のレディーミクストコンクリートからのスランプの増大量，⑮ その他の必要な事項．

　呼び強度とは，材齢 28 日，または指定の材齢で，それまで 20±3℃の水中養生を行った供試体の強度で，次の規定を満足するものである．

　（1）1 回の試験結果は，購入者が指定した呼び強度の強度値の 85％以上でなければならない．

　（2）3 回の試験結果の平均値は，購入者が指定した呼び強度の強度値以上でなければならない．

　前に図 6.9 に示したように，RC 示方書と JIS A 5308 の，それぞれの強度の規定から定まる割増し係数は異なる．しかし，変動係数 10％以下においては，それらの差は小さい．良好な管理がなされているレディーミクストコンクリート工場の変動係数は 10％以下であるので，一般には，設計基準強度に等しい呼び強度を選定すればよい．なお，呼び強度の強度値とは，呼び強度に小数点をつけて，小数点以下 1 けた目を 0 とする N/mm² で表した値である．

6.7　コンクリートの非破壊試験

　完成した構造物のコンクリートが，設計で定められた強度を有しているかどうか，またコンクリート工事中に，型枠を取り外すことができるのに十分な強度を有するかどうかを知りたいとき，構造物に損傷を与えることなくコンクリ

ートの強度を知ることができれば，その意義は大きい．

非破壊試験は，コンクリートの耐久性試験などにおいて，同一供試体を用いて，弾性係数などの性質の変化を経時的に求めることができる．

このような目的のために，次に示すような種々の試験法が提案されている．

a．表面硬度法

この方法は，ハンマーなどによってコンクリートの表面に一定のエネルギーの打撃を与え，生じた凹みの直径，または反発力からコンクリートの強度を判定するものである．この方法は，操作が簡単であるので実施コンクリートに手軽に適用できるが，測定精度はあまりよくない．

反発力による方法の代表的なものは，シュミットハンマーである．図6.28に示したばね式のハンマーによって衝撃力を与え，重錘Aのはね返る距離を指針Bを介して目盛板Cから読みとる．これを反発硬度Rという．

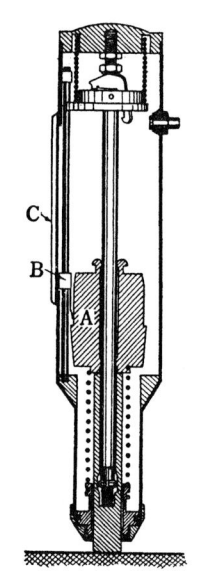

図 6.28 シュミットハンマーの内部機構

反発硬度と強度との間に理論的な関係はないが，基準反発硬度R_0から，標準円柱供試体強度Fを推定する式として，次式が推奨されている．

$$F = -18.0 + 1.27 R_0 \quad (\text{N/mm}^2) \tag{6.38}$$

基準反発硬度R_0は，測定反発硬度Rに，打撃方向，コンクリートの応力状態，湿潤状態などによる補正値ΔRを加えたものである．

$$R_0 = R + \Delta R \tag{6.39}$$

b．音響学的方法

コンクリートの円柱供試体および角柱供試体の縦振動，たわみ振動およびねじり振動の一次共鳴振動数を求め，これから，動弾性係数，動せん断弾性係数および動ポアソン比などを求めるために行うものが共鳴振動法（ソニック法）で，JIS A 1127に規定されている．この試験方法は，同一供試体でその経年変化を精度よく測定できるため，凍結融解試験における耐久性指数の測定や，硫酸塩などによるコンクリートの劣化程度の測定に用いられる．

縦振動の場合，動弾性係数は次式より求められる．

$$E_\mathrm{D} = 4.00 \times 10^{-3} \frac{L}{A} m f_1{}^2 \quad (\mathrm{N/mm^2}) \tag{6.40}$$

ここに，E_D は動弾性係数（N/mm²），m は供試体の質量（kg），L は供試体の長さ（mm），A は供試体の断面積（mm²），f_1 は縦振動の一次共鳴振動数（Hz）である．

共鳴振動法以外にも，コンクリート構造物あるいは供試体中を伝播する超音波パルス（縦波弾性波）の伝播速度を測定することにより，コンクリートの品質，内部欠陥，ひび割れ深さ，版厚などを推定する超音波パルス伝播速度試験がある．

6.8 高性能・多機能コンクリート

コンクリートは，セメント，水，骨材および混和材料からなり，それらの配合割合によりさまざまな性質を示し，土木・建築構造物の主要な材料として有効に用いられてきた．また，コンクリート構造物に要求される性能の高度化，構造物が建設される環境範囲の拡大と苛酷化にともない，コンクリートの高性能化，多機能化に関する研究，技術開発が行われてきた．各種化学混和剤の出現とフライアッシュ，シリカフュームなどの混和材の活用が，コンクリートの高性能化，多機能化に果たした役割は大きく，それまでには考えることのできなかったすぐれた特性や広い適用範囲を有するコンクリートが出現した．

a．コンクリートの高強度化

コンクリートの高強度化への試みは古く，1930～40年代に，加圧高温養生により材齢28日で100 N/mm² 程度の圧縮強度を実現している．しかし，所要のワーカビリティーを確保して高強度化が可能になったのは，高性能（AE）減水剤の利用による．

高性能AE減水剤は，高い減水性能とスランプ保持性能を有する混和剤で，これを用いて圧縮強度60 N/mm² 程度までの高強度コンクリートが得られる．

これ以上の高強度コンクリートは，高性能AE減水剤とシリカフュームとを用いることによって達成される．シリカフュームは，フェロシリコンを製造する際の副産物で，その粒子は完全な球形で，比表面積は200000 cm²/g 程度の超微粒子である．これと高性能AE減水剤を併用することにより，120～270

N/mm² の高強度が得られる．これは，図 6.29 に示すように，シリカフュームがセメント粒子間に充てんされ，それによってセメントペーストを密実にするためである．

高強度コンクリートの応力-ひずみ曲線は，通常のコンクリートのそれとは

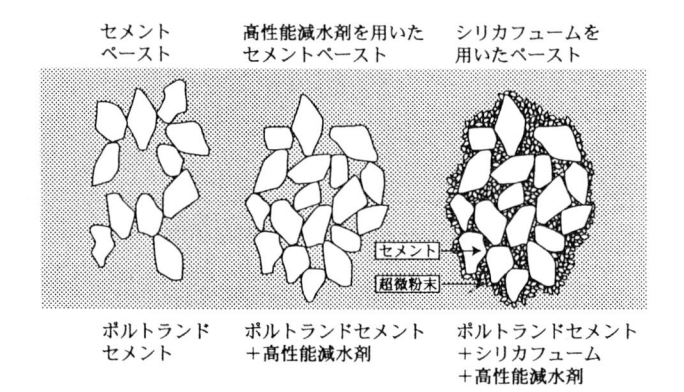

図 6.29 まだ固まらないコンクリート中のペースト構造
（日本コンクリート工学協会編：コンクリート技術の要点 '96 より）

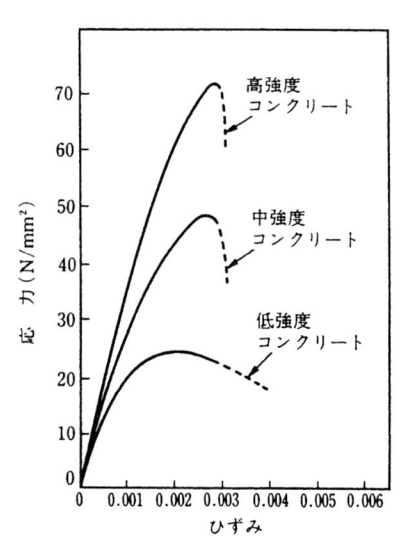

図 6.30 種々のコンクリートの応力-ひずみ曲線
（川村満紀：土木材料学，p.87，森北出版）

異なり，線形的である（図6.30）．これは，セメントペーストの強度が高く，骨材との界面のひびわれが少ないためである．しかし，最大ひずみは通常のコンクリートのそれよりも小さい．

b．耐久性の向上

AE剤を用いて空気を連行したコンクリートをAEコンクリートという．また，AE剤によって連行された空気をエントレインドエア（entrained air），コンクリート中に自然に形成される気泡をエントラップドエア（entrapped air）という．

AEコンクリートは，空気の連行によるワーカビリティーの改善と耐久性の向上という二つの特性を有している．すなわち，AE剤によって連行された空気は，あたかもボールベアリングのような作用をするため，コンクリートの流動性を増加させ，材料の分離に対する抵抗性を大きくする．また，前に述べたように，適当な空気量を有するAEコンクリートは，凍結融解作用に対する抵抗性が高い．

このような耐久性改善効果は，1930年代にアメリカにおいて偶然発見されたものである．その結果，コンクリートの寒冷地への適用が可能になるとともに，今日の種々の化学混和剤開発の端緒となった．

コンクリートの劣化現象である塩害，アルカリ骨材反応および中性化は，有害な気体や液体がコンクリート中に侵入することに起因するものである．したがって，コンクリートの劣化を防ぎ，耐久性の改善，向上をはかるためには，コンクリートの組織をち密化することが重要である．そのためには，高性能AE減水剤などを使用して水セメント比を小さくすることや，フライアッシュ，シリカフュームおよび高炉スラグ微粉末などの，ポゾラン反応性あるいは潜在水硬性を有する混和材を使用することが，きわめて有効である．

コンクリートのひびわれの発生を防ぐことも，耐久性を確保する上で重要である．そのためには，単位水量の低減，収縮低減剤の使用，低発熱型セメントの使用，水和熱抑制剤の使用などが考えられる．

c．施工性の改善と合理化

流動化コンクリートとは，あらかじめ練り混ぜられたコンクリート（これをベースコンクリートという）に高性能減水剤を添加し，流動性のよいものにし

たもので，施工性の改善を目的とした高性能減水剤を流動化剤と呼ぶ．

図6.31に，高性能減水剤あるいは流動化剤の作用効果を示したが，スランプを一定にすれば，単位水量の低減による高強度化が，単位水量を一定にすれば，高流動化による施工性の改善が達成される．なお，流動化コンクリートのワーカビリティーの経時変化は，通常の軟練りコンクリートの場合よりも大きい（図6.32）．

フレッシュ時の材料分離抵抗性を損なうことなく，流動性を著しく改善したコンクリートを高流動コンクリートと呼ぶ．このコンクリートは，締固めを必要とせず，密に配置された鉄筋間を通り抜け，型枠のすみずみまで到達するため，自己充てんコンクリートと呼ばれることもある．

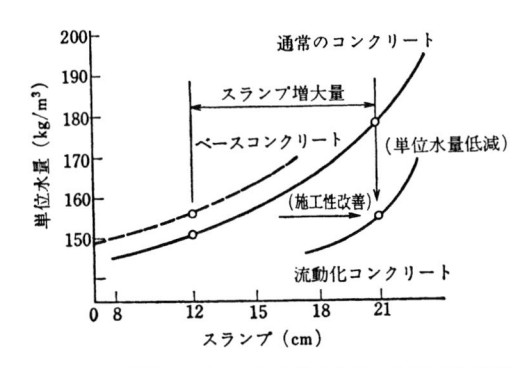

図 6.31 流動化コンクリートの単位水量とスランプの関係

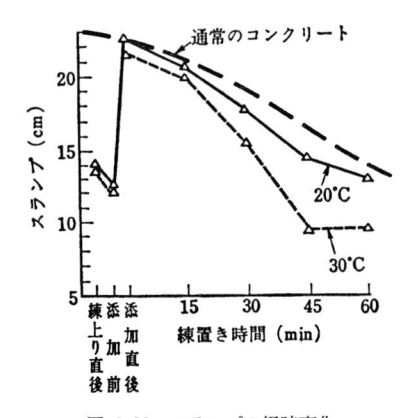

図 6.32 スランプの経時変化

自己充てん性を確保するためには，コンクリートに，高い流動性と材料分離抵抗性を付与しなければならない．流動性を向上させるためには，高性能 AE 減水剤が用いられる．一方，材料分離抵抗性を得るための方法としては，① 増粘剤あるいは分離低減剤を添加する方法，② セメントや混和材料などの粉体量を増加して水粉体比を小さくする方法，③ 両者を併用する方法がある．

高流動コンクリートは，その特徴を活かし，過密配筋構造物や締固め作業が不可能な構造物の施工，大量急速施工，振動騒音が問題となる工場製品の製造に適用されている．

従来の水中コンクリート工事においては，プレパックドコンクリート工法，トレミー工法，コンクリートポンプ工法などが採用された．これらの工法においては，水中でのコンクリートの材料分離を防ぐことが重要な課題であった．この水中でのコンクリートの材料分離を防ぐために開発された水中不分離性混和剤と高性能減水剤とを併用したのが水中不分離性コンクリートである．このコンクリートは，材料分離抵抗性，セルフレベリング性，自己充てん性などの特徴を有し，海上空港の下部工事や橋梁の海中基礎工事などに使用され，施工性の改善に貢献した．

コンクリートダムの施工の合理化，省力化を目的としてわが国で開発されたコンクリートが，RCD コンクリート（roller compacted dam concrete）である．RCD 工法では，超硬練りの貧配合コンクリートを，ダンプトラックで運搬し，ブルドーザで3～4層の薄層にまき出し，振動ローラで締め固める工法（図6.33）である．この工法は，汎用機械の使用による工期の短縮，省力化，全面レア打設による作業の安全性の向上などの利点により，現在では，重力式コンクリートダムの標準的な工法となっている．

RCD コンクリートと同様の超硬練りコンクリートを舗装に適用したのが，転圧コンクリート舗装（RCCP；roller compacted concrete pavement）である．

地球環境問題，とりわけ地球温暖化防止のための二酸化炭素の排出削減に向け，エコマテリアルやエココンクリートという新しい概念のもとに，環境に配慮した，あるいは環境に優しいコンクリートがつくられている．エコとは，Environment Conscious，すなわち，環境を意識したということを表す言葉で

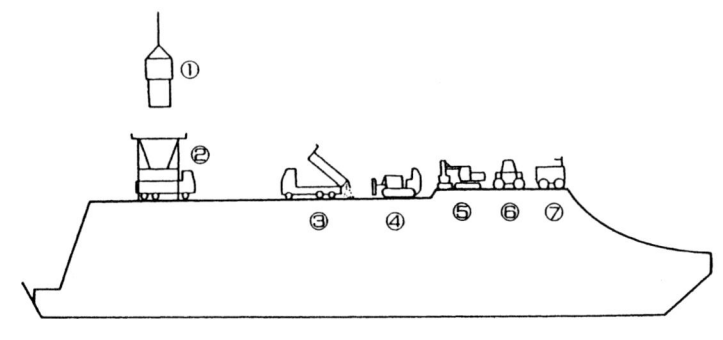

図 6.33 RCD工法の概要
① コンクリートバケット (6m³)　② グランドホッパ (12m³用)
③ ダンプトラック (25t)　④ 湿地ブルドーザ (16t)
⑤ 振動目地切機 (13.5t, 起振力26tA)　⑥ 振動ローラ (10.2t, 起振力23t)
⑦ 章動ローラ (7.2t)

ある．エココンクリートとは，地球環境への負荷低減に寄与するとともに，生態系と調和あるいは共生を図ることができ，快適な環境を創造するのに有用なコンクリートである．

環境負荷低減型のエココンクリートとは，コンクリートを構成するセメント，骨材および各種混和材料の原料となる資源の採取，精製，加工およびコンクリートとして使用する場合に，省資源，省エネルギーに努め，できるかぎり地球環境に与える負荷が少なくなるよう配慮したコンクリートである．前に述べた，エコセメントを用いたコンクリートや再生骨材を用いたコンクリートは，その一例である．フライアッシュ，高炉スラグ，シリカフュームおよび天然ポゾランなどの混和材の活用は，セメントの使用量低減につながる．また，コンクリートを高強度化したり長寿命化することは，コンクリート構造物の供用期間を延長することができ，省資源という観点から環境への負荷低減を図ったものである．

生物対応型のエココンクリートとは，生物の棲息場所を確保するためのコンクリート，ならびに，生物の棲息に悪影響をおよぼさないコンクリートと定義される．このようなコンクリートとして，連続空隙を有するポーラスコンクリートがある．この種のコンクリートは，内部を含め広い表面積を有しているため，透水性があり，吸音性を持ち，水質浄化機能があり，植栽ができ，熱特性が一般のコンクリートと異なるなどの特徴を有している．

排水性舗装材としてこの種のコンクリートを利用することにより，雨水の地下への還元のみならず，舗装面下の微小生物の棲息環境を良好にするなどの効果がある．

ポーラスコンクリートに直接，あるいはその表面に薄く客土を敷き，そこに芝生や各種雑草類の種子を播いたり，苗を移植したりして植物を生育させるのが，植生コンクリートである．

河川，湖沼および海浜などの水際域にポーラスコンクリートを設置し，表面部に藻類，貝類および水生の小動物を，連続空隙内に多毛類や原生動物などを棲息させ，食物連鎖を形成して，その結果，魚類が棲息できるような環境をつくろうとする試みもある．

今後，コンクリート構造物のライフサイクルの各段階において，環境負荷低減を図ることが求められる．

6.9 コンクリートの品質管理

a．品質のばらつき

コンクリートは，所定の品質のものとなるように製造されるが，種々の原因によってその品質にばらつきが生じる．このばらつきには，その原因が明確で取り除くことができるものと，これといった原因がなく，偶然法則に基づくものとがある．コンクリートの品質にばらつきが生じる原因は，次のとおりである．

① 材料の品質の変動：セメントの品質，骨材の物理的性質，骨材の含水状態，混和材料の品質

② 製造および施工：配合，練混ぜ，運搬，打込み，締固め，養生工程における変動

③ 試験方法：試料採取の方法，供試体の作成方法，供試体の形状および寸法，キャッピング，載荷速度

このような品質のばらつきがすべて取り除かれ，コンクリートの品質のばらつきが，偶然法則に基づくものとなったとき，統計学的品質管理が可能になる．

b. 統計学的品質管理

コンクリートの品質管理とは，品質変動の原因を取り除き，異常をすみやかに発見し，ただちに適切な処置を講じて，コンクリートの品質を所期の範囲内に収めることである．管理の対象となる品質は，コンクリートの強度，スランプ，空気量などの特性値である．

このような特性値の分布は，一般に正規分布となることがわかっている．

ある特性値について N 個のデータがあり，その個々の値を x_i（$i=1,2,\cdots,N$）とすれば，

$$m = \frac{1}{N}\sum_{i=1}^{N} x_i \tag{6.41}$$

$$\sigma = \sqrt{\frac{1}{N}\sum_{i=1}^{N}(m-x_i)^2} \tag{6.42}$$

によって計算される m および σ を，それぞれ，平均値および標準偏差という．なお，式 (6.42) において，N の代りに $(N-1)$ を用いたものを母集団の標準偏差の推定値としている．

正規分布曲線は，次式で与えられ，その形状は，図 6.34 に示すように，左右対称な曲線となる．

$$p(x) = \frac{1}{\sigma\sqrt{2\pi}} \exp\left(-\frac{(x_i-m)^2}{2\sigma^2}\right) \tag{6.43}$$

正規分布において，$m-k\sigma$ 以下のデータがえられる確率は，図 6.34 の斜線部の面積の全面積に対する割合であり，正規分布表として，表 6.18 に示す．

なお，変動係数 V および範囲 R は，次式で表される．

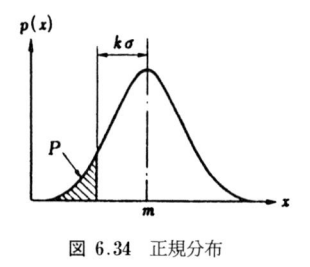

図 6.34 正規分布

表 6.18 正規分布表

k	P	k	P
0.0	0.500	1.645	0.0500
0.5	0.3085	2.0	0.0228
0.6745	0.2500	2.5	0.0062
1.0	0.1587	2.576	0.0050
1.282	0.1000	3.0	0.0013
1.5	0.0668		

$$V = \frac{\sigma}{m} \times 100 \quad (\%) \qquad (6.44)$$

$$R = x_{\max} - x_{\min} \qquad (6.45)$$

ここに，$x_{\max}$ および $x_{\min}$ は，それぞれ，N 個のデータのうちの最大値および最小値である．

c. 管 理 図

コンクリートの品質管理のため，最も有効に利用されるのが管理図である．管理図は，品質のばらつきのうちで，安定な状態においてみられるものと，見逃せない原因によるものとを判別するものである．そして見逃せない原因による変動が現れたときは，その原因を調べ，その原因をなくすよう処置しなければならない．

管理図としては，種々なものがあるが，一般には $\bar{x}\text{-}R$ 管理図が用いられる（図6.35）．管理図には，品質の中心 $\bar{x}$（平均値）を表す中心線（CL）と，これらの上下に，品質が許容される定常的なばらつきの幅を表す管理限界線（上方管理限界線（UCL），下方管理限界線（LCL））とが示される．管理限界線としては，一般に 3σ 限界が用いられる．すなわち，$\bar{x}$（平均値）$\pm 3\sigma$（標準偏差）を上下の管理限界とする方法である．試験値がこの限界線より外側に打点されるときは工程に異常が発生したと判定し，適切な処置をとらなければな

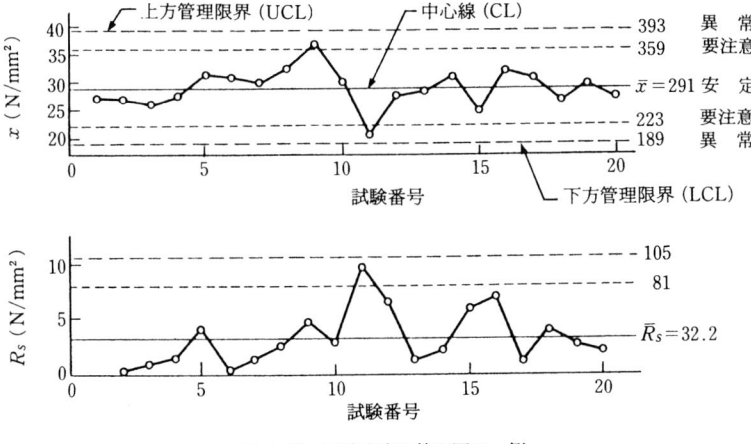

図 6.35 圧縮強度の管理図の一例

らない．

なお，実際には1個の試験値によって管理するのではなく，数個の試験値の平均値によって品質管理が行われる．N 個の試験値の平均値によって品質管理を行うときは，管理限界線は，$\bar{x} \pm 3\sigma/\sqrt{n}$ のところに引かれ，工程に異常が起こったとき，管理限界線の外に出る確率が高くなり，異常を見つけることが容易になる．

演 習 問 題

6.1 コンクリートのワーカビリティーとその測定法との関係について述べよ．
6.2 材料の分離とは何か．
6.3 ブリーディングがコンクリートの諸性質に及ぼす影響について述べよ．
6.4 コンクリートの配合設計における基本方針について述べよ．
6.5 コンクリートの配合設計における強度の規定と割増し係数との関係について説明せよ．
6.6 レディーミクストコンクリートの配合設計における割増し係数を求める式を誘導せよ．
6.7 コンクリートの強度に影響する要因をあげ，簡単に説明せよ．
6.8 コンクリートの応力-ひずみ曲線が，載荷の初期の段階から曲線となる理由を説明せよ．
6.9 乾燥収縮とひびわれとの関係について述べよ．
6.10 コンクリートのクリープが構造部材に及ぼす影響について考えよ．
6.11 エントレインドエアがコンクリートの凍結融解抵抗性に及ぼす影響について説明せよ．
6.12 アルカリシリカ反応の発生条件，メカニズムおよび防止対策について説明せよ．
6.13 鉄筋の腐食と塩化物イオンとの関係について説明せよ．
6.14 コンクリートの非破壊試験の意義について述べよ．
6.15 各種混和材料が，コンクリートの高性能化および多機能化に果たす役割について述べよ．

7. その他の建設構造材料

7.1 概　　説

　建設基本材料は，古い中国の土や木（土木の語源は秦の時代の築土構木に由来するといわれている），古代ローマ時代の石やれんが，さらに近代の鋼やセメント（コンクリート）というように時代とともに変遷してきた．現在の建設材料の特徴は，多くの材料がその特性を活かして，基本材料の欠点や弱点を補って使用されていることである．その代表的なものとして，アスファルトや種々の高分子材料がある．

　一方，近年従来の材料にはみられなかったような優れた特性や機能を有する材料，いわゆる新素材が開発され，その一部は建設工事においても応用されてきている．

　ここでは，鋼材，セメントさらにはコンクリート以外の建設材料と新素材・新材料について述べることにする．

7.2　アスファルト

　アスファルト（asphalt）は，天然炭化水素，またはこれらの非金属誘導体あるいはこれらの混合物である瀝青材料の一種で，その特徴は黒色または暗褐色の固体または半固体の膠状物質で，加熱すると徐々に液化する物質である．

　アスファルトは，天然アスファルトと石油アスファルトに大別される．

　なお，天然アスファルトは，紀元前3800年ごろから接着剤や防水剤として

用いられてきたが，舗装材料として用いられたのは19世紀中頃からである．

a．天然アスファルト

天然アスファルトは，石油が地上に流出したり，岩石の隙間や砂層に侵入して，揮発性の部分が蒸発あるいは酸化，重合作用によって変質したものである．

b．石油アスファルト

わが国の石油アスファルトの年間需要量は500万トン程度で，このうち90％がストレートアスファルト，残り5％ずつをブローンアスファルトと工業用アスファルトが分け合っている．

ストレートアスファルトは，原油中のアスファルト分を，なるべく熱による変化を起こさないように，減圧により短時間で連続蒸留を行って潤滑油まで取り去った残渣物である．

ブローンアスファルトは，ストレートアスファルトにまで精製する以前の残留油に230から260℃の温度で空気を吹き込み，酸化，重合，縮合を生じさせ，分子量の大きな物質にしたものである．

表7.1は，ストレートアスファルトとブローンアスファルトの性質を比較したものである．ストレートアスファルトは，酸化，重合，縮合を生じさせたブローンアスファルトに較べて感温性が大きく，伸長性，粘着性，防水性に富む．

なお，これらの中間にセミブローンアスファルトがある．このアスファルトは，加熱したストレートアスファルトに軽度のブローイング操作（加熱した空

表7.1 ストレートアスファルトとブローンアスファルトの性質の比較

	ストレートアスファルト	ブローンアスファルト
状　　態	半固体	固体
比　　重	1.01〜1.05	1.02〜1.05
軟 化 点	低い(35〜60℃)	高い(70〜130℃)
PI	−1〜+1	+1以上
伸　　度	大きい	小さい
感 温 性	大きい	小さい
引 火 点	高い	低い
接 着 性	大きい	小さい
流 動 性	大きい	小さい
耐 候 性	よい	非常によい

気を吹き込む）を加えることによって感温性を改善し，かつ，60°Cにおける粘度を高める，いわゆる流動対策に重点をおく場合に使用される改質アスファルトであるが，使用上はストレートアスファルトの範疇に入れられている．

c．石油アスファルトの一般的性質

アスファルトは，分子量の大きい炭化水素の混合物で，硫黄を1〜5％含み，V，Niなどの金属も微量含まれている粘性をもつ固体で，明確な融点を持たない．

（i）比重（specific gravity）　アスファルトの比重は，25°Cにおいて1.01〜1.05の範囲にあり，原料，処理方法による差は小さい．一般には，針入度が小さいほど，さらに硫黄の含有量が多いほど比重は大きくなる．

（ii）針入度（penetration, JIS K 2530）　針入度はアスファルトの硬さを表す指数で，針入度試験により求めた針の貫入深さを1/10 mm単位で表したものである．針入度は温度の上昇とともに増加するが，ストレートの方がブローンアスファルトよりも変化の程度が著しい．

（iii）感温性（temperature susceptibility）　温度の昇降によるアスファルトの稠度の変化を示すもので，感温比で表し，通常0, 25, 46°Cにおける針入度数の比で表す．感温性が大きすぎると低温時にもろくなり，高温時に軟質にすぎる．

（iv）針入度指数 PI（penetration index）　アスファルトの温度に対する針入度の変化を示す指数で，針入度を P，軟化点を T とすれば，PIは次式で表される．

$$\frac{\log 800 - \log P}{T - 25} = \frac{20 - PI}{10 - PI} \times \frac{1}{50} \tag{7.1}$$

（v）軟化点（softening point, JIS K 2531）　アスファルトには明確な融点が存在せず，温度が上昇するにつれて軟化して液状になる．軟化点は，アスファルトがある一定の粘性に達したときの温度で表され，感温性を知るためのデータとなる．

（vi）伸度（ductility, JIS K 2532）　伸度はアスファルトの延性を示す数値で，試料の両端を引張ったとき，試料が切れるまでに伸びた長さをcm単位で表す．伸度は，アスファルトの接着性，可とう性，耐摩耗性などと関係があ

るといわれている．

(vii) 引火点（flash point, JIS K 2274）　アスファルトの中には低沸点の揮発性成分が含まれているため，加熱すれば引火の危険がある．アスファルトを加熱し裸火を近づけた瞬間に引火するときの試料温度を引火点といい，原油の温度，製造方法，針入度によって異なるが，だいたい 250～320°C の範囲にある．さらに加熱を続け，引火した炎が 5 秒間以上燃え続けるときの最低温度を燃焼点（burning point）という．

(viii) 粘度（viscosity）　アスファルトの粘度は温度によって大きく変化する．そのため，加熱することによって粘度を調整しながら種々の用途に使用されるアスファルトの温度依存性の粘性を知ることが必要となる．

(ix) 耐薬品性　アスファルトは有機溶剤によって溶解されるが，一般に酸の希薄溶液に対しては抵抗性を持つ．さらに，濃硫酸・濃硝酸・希硝酸には侵されるが，濃塩酸に対しては抵抗性を持ち，長年月にわたって侵されない．アスファルトは，アルカリ溶液とは化学反応を起こさないが，アルカリ溶液によって乳化または変色する．

d．アスファルト混合物

アスファルトは，単独に用いられることはまれで，通常は，粗骨材，細骨材およびフィラーを所定の割合で混合して，アスファルト舗装の表層あるいは基層などに用いる場合が多い．これをアスファルト混合物といい，加熱アスファルト混合物と，液体アスファルトを常温で使用する常温アスファルト混合物とがある．

このうち，加熱アスファルトとは，粗骨材，細骨材，フィラーなどにストレートアスファルトを適量加えて加熱混合したアスファルトをいい，常温アスファルト混合物とは，粗骨材，細骨材などをアスファルト乳剤などと常温で混合し，常温（100°C以下）で舗装できる混合物をいう．常温アスファルトは，加熱アスファルトに比べ，一般に耐久性はやや劣るが，貯蔵もできるため，簡単な舗装用材料あるいは補修材料として用いられる．なお，アスファルト混合物における骨材は，混合物中で骨格構造をなし，支持力，荷重の分散効果，すりへり抵抗性などを向上させる．また，フィラーとは，75 μm ふるいを通過する鉱物質粉末をいう．通常，石灰岩を粉末にした石粉が最も一般的であるが，石

表 7.2 アスファルト混合物の種類

使用層	一般地域	積雪寒冷地域
基 層	①粗粒度アスファルト混合物 (20)	
表 層	②密粒度アスファルト混合物 (20, 13) ③細粒度アスファルト混合物 (13) ④密粒度ギャップアスファルト混合物 (13)	⑤密粒度アスファルト混合物 (20 F, 13 F) ⑥細粒度ギャップアスファルト混合物 (13 F) ⑦細粒度アスファルト混合物 (13 F) ⑧密粒度ギャップアスファルト混合物 (13 F)
摩耗層	［すべり止め用］ ⑨開粒度アスファルト混合物 (13)	［耐摩耗用］ ⑥細粒度ギャップアスファルト混合物 (13 F) ⑦細粒度アスファルト混合物 (13 F)

〔注〕
(1) ○印の番号は混合物の整理番号を，( ) 内の数字は最大粒径を，またFはフィラーを多く使用していることを示す．
(2) 混合物は，粒度によって，粗粒度，密粒度，細粒度，開粒度アスファルト混合物と称し，粒度が不連続なものをギャップアスファルト混合物という．各混合物の粒度の詳細は，表7.4に示す．
(3) ここでいう地域の区分は，タイヤチェーンなどによる摩耗が問題になる地域を積雪寒冷地域といい，その他の地域を一般地域という．

灰岩以外の岩を粉砕した石粉，消石灰，セメント，回収ダスト，フライアッシュなどを用いることもある．このフィラーは，アスファルトと一体となって骨材の間隙を充てんし，かつアスファルトの見かけの粘性を高め，混合物の安定性や耐久性を向上するはたらきがある．

表7.2に，アスファルト舗装要項に規定されているアスファルト混合物の種類を示す．粗骨材の最大粒径と粒度およびフィラーの量によって分類される9種類のアスファルト混合物に対して，その適材適所使用が提示されている．

e. カットバックアスファルト，アスファルト乳剤

カットバックアスファルト (cutback asphalt) は，アスファルトに揮発性の石油留出油を溶剤として加えて希釈（カットバック）し，一時的に粘度を低下させ，流動性をよくしたものである．カットバックアスファルトは加熱する必要がなく，アスファルト乳剤と同様に常温施工ができる利点を持っている．

なお，カットバックアスファルトは，希釈に用いる溶剤の蒸発速度によってRC (rapid curing), MC (medium curing), およびSC (slow curing) があ

り，それぞれガソリン，ケロシンおよび重油でカットバックしたものである．

アスファルト乳剤（asphalt emulsion）は，アスファルトを乳化剤と安定剤を含む水中に微粒子（1〜5μm）として分散させた褐色の液体で，その構造は一種の疎水コロイドである．乳化剤は，アスファルト粒子を水中で分散させるために用いる剤で，安定剤は乳剤の安定性を保つために用いる剤である．乳化剤は，分散されたアスファルト粒子が持つ電荷によって2種類に分かれる．すなわち，分散粒子の電荷が正のものをカチオン系乳化剤，負に帯電しているものをアニオン系乳化剤という．これらカチオンおよびアニオン系乳化剤を添加したアスファルト乳剤においては，分散粒子が正ないしは負の電荷を帯びているので，お互いに反発し合って分散状態にあり，各粒子間の平衡状態を保っている．このほかにほとんど帯電していないものをノニオン系乳化剤といい，クレータイプの乳化剤が代表的である．クレータイプの乳化剤では，乳化剤として用いるコロイド粒子程度の大きさの粘土質鉱物（ベントナイト，粘土など）がアスファルト表面に吸着されることによって，表面電荷による斥力が作用し，アスファルト粒子が分散・安定化する．

これらのアスファルト乳剤は，散布または混合したのちに水分が蒸発して，アスファルトの性質を発揮する特性を利用するものである．

7.3 高分子材料

一般に，物質は分子の集合体で，この分子は原子から構成されている．分子のうち，きわめて多数の原子（分子量1万以上）からなるものを高分子といい，この高分子で構成された物質を高分子物質あるいは樹脂（resin）と称している．また，高分子は小さな分子が多数結合して生成されており，この生成過程が化学的に重合と呼ばれるので，高分子をポリマー（polymer）ということがある．

高分子物質を主成分として，これに充てん剤，可塑材，安定剤などを混入して成形した合成樹脂をプラスチックスという．このプラスチックス（plastics）という言葉には，"塑性的性質を有するもの"のほかに"熱を加えることによって可塑性を示すもの"という意味が含まれている．

プラスチックスは，熱可塑性樹脂（thermoplastic resin）と熱硬化性樹脂

(thermosetting resin) とに大別される．熱可塑性樹脂は，加熱すると可塑性を示して成形ができるが，常温に戻すと塑性はなくなるもので，この変化は可逆的に行うことができる．一方，熱硬化性樹脂は，加熱すると可塑性を示し成形ができるが，加熱を継続しているうちに化学的反応によって硬化し，一度硬化したものは再び加熱しても軟化することはできない．

プラスチックスの素材である高分子物質の形態は，液体，粉体，乳濁液，ペーストなど種々の形のものがあり，これを所要の形に成形する方法としては，注形成形，圧縮成形，押出し成形，射出成形，吹込み成形，積層成形，ライニング加工など種々のものがある．

代表的な合成樹脂の物理的および化学的特性を表 7.3 に示す．

表 7.3 各種合成樹脂の物理的および力学的性質

	合成樹脂名	ISO略号	比重	強度(N/mm^2) 引張り	曲げ	圧縮	弾性係数 (kN/mm^2)	熱膨張係数 ($10^{-5}/℃$)
熱可塑性樹脂	ポリ塩化ビニル樹脂	PVC	1.23〜1.45	34.3〜61.8	68.6〜107.9	54.9〜89.2	2.4〜4.1	5〜18
	ポリエチレン樹脂(高密度)	PE	0.94〜0.97	20.6〜37.3	9.8	15.7	0.5〜1.0	11〜13
	ポリプロピレン樹脂	PP	0.90〜0.91	29.4〜39.2	41.2〜53.9	58.8〜68.6	0.9〜1.4	11
	ポリスチレン樹脂(非充てん)	PS	0.98〜1.10	24.5〜45.1	34.3〜68.6	27.5〜61.8	2.1〜3.1	3.4〜21
	ABS樹脂	ABS	1.03〜1.07	61.8	109.8〜130.4	75.5〜103.0	3.0〜3.4	5〜9
	メタクリル樹脂	PMMA	1.18〜1.19	45.1〜75.5	89.2〜107.9	82.4〜123.6	2.9〜3.4	5〜9
	ポリカーボネート樹脂	PC	1.20〜1.40	57.9〜64.7	75.5〜89.2	75.5〜	2.2〜	7
	フッ素樹脂	PTEF	2.1	39.3	56.9	220.6〜551.1	1.4〜2.1	4.5〜7.0
熱硬化性樹脂	フェノール樹脂	PF	1.30〜1.32	41.2〜61.8	75.5〜117.7	82.4〜104.0	2.7〜3.4	6〜8
	不飽和ポリエステル樹脂(ガラス繊維強化)	UP	1.8〜2.3	166.7〜205.9	68.6〜274.6	98.1〜205.9	5.5〜13.7	2.5〜3.3
	尿素（ユリア）樹脂(セルロース強化)	UF	1.4〜1.5	39.2〜88.3	68.6〜107.9	171.6〜304.0	6.9〜10.3	2.7
	エポキシ樹脂(ガラス繊維強化)	EP	1.8〜2.3	96.1〜205.9	137.3〜205.9	205.9〜255.0	20.6	2.5〜3.3
	メラミン樹脂(セルロース充てん)	MF	1.4〜1.5	48.1〜89.2	68.6〜110.8	172.6〜296.2	8.2〜9.6	4.0
	ポリウレタン樹脂	PUR	1.0〜1.3	29.4〜73.5	4.9〜29.4	49.0〜147.1	0.7〜6.9	—
	シリコン樹脂(ガラス繊維強化)	SI	1.68〜2.0	27.5〜34.3	68.6〜96.1	68.6〜104.0	—	0.8

(竹村，戸川，笠原他：建設材料，p.185，森北出版（一部省略))

a. プラスチックスの特性

プラスチックスの主な長所は，以下のようなものである．

（ⅰ） 成形の自由度と寸法の正確さ，加工性が良好であり，工場での大量生産の可能性が大であること．

（ⅱ） 軽量で強じんであること．

（ⅲ） 耐水性，耐湿性，耐食性が良好であること．

（ⅳ） 絶縁性，電気的特性が優れていること．

（ⅴ） 他材料との共容性に優れ，接着剤やFRPとしての利用が可能であること．

一方，建設材料として使用する際の問題点としては，

（ⅰ） 圧縮強さは大であるが，他の強さは非常に小さく，ヤング係数は小さくそのため変形が大きくなり，さらに**塑性変形は大きい**．

（ⅱ） 一般に，熱可塑性樹脂の方が熱の影響を受けやすい．使用限界温度は，熱可塑性樹脂で60〜80℃，熱硬化性樹脂で130〜200℃である．また紫外線によって劣化するものがある．

（ⅲ） 熱による容積変化が大きく，熱膨張係数は温度によって異なる．

（ⅳ） 耐摩耗性，方向性，耐電性などに問題がある．

b. 強化プラスチックス (fiberglass reinforced plastics, FRP)

プラスチックスをガラス繊維，合成樹脂繊維などで補強した強化プラスチックスが構造材料として用いられる．FRP用樹脂としては，熱硬化性樹脂のポリエステル，フェノール，尿素，メラミン，エポキシ，シリコン樹脂など，熱可塑性樹脂のポリスチレン，塩化ビニル，メタクリル樹脂などが用いられている．

c. 建設用高分子材料の利用

（1） プラスチックスあるいはFRP　　プラスチックスのもつ柔軟性，耐薬品性，軽量性，平滑性を利用した用途が多く，その主なものは，各種パイプ，液体貯蔵用タンク，波板や化粧板などの建築用材料，コンクリートの型枠，止水板などである．

（2） エマルジョン系(乳剤系)樹脂　　エマルジョン系樹脂は，微細な樹脂を水中に分散させたもので，使いやすいことおよび各種原料モノマーの性能を

生かした共重合体をつくりうるなどの長所がある．

エマルジョン系樹脂には，ゴムラテックス系，ビニル系，エポキシ樹脂系，アスファルト系などがある．

エマルジョンの応用例としては，

（i）シーラー，プライマー，コーチング材　ビニル系エマルジョンがよく利用され，塗膜の劣化や変色の防止，密接性や耐水性の改善などの効果が大

（ii）コンクリート養生剤　塩ビ/塩化ビニリデン系，酢ビ系などのエマルジョンの10〜20％溶液を，コンクリートの浮水がなくなった直後に噴霧器を用いて1m²当り300〜500g散布する．

（iii）モルタルやコンクリートへの添加　補修モルタル，旧コンクリートへの新コンクリートの打継ぎ，床板の舗装，防水，防気，耐薬品の被覆材，接着剤，コーチング剤として，さらには接着性，耐摩耗性，弾力性，被覆性などの性能付与の目的で使用されている．エマルジョン系樹脂を添加したモルタル，コンクリートの一般的性質は，以下のようになる．

（i）曲げ，引張強さは増大するが，圧縮強さは低下する．

（ii）エマルジョンの添加量を増すと，ある程度までは伸び能力は増加するが，ヤング係数は低下する．

（iii）耐アルカリ性，耐酸性は良好である．

（iv）耐熱性，耐火性が劣り，経年劣化の程度も大きい．

d．接着剤

異種または同種の固体を接合するために，液体または半固体状の中間物質を接合面に介在させ，その固化によって接合することを接着（adhesion）といい，中間物質を接着剤（adhesive）という．

接着剤は，一般に主剤，溶剤，硬化剤，充てん剤からなり，硬化剤には使用目的によって，可塑剤，希釈剤，増量剤，可とう性付与剤，よう変剤などが混入される．

高分子物質の接着剤としての利用範囲はきわめて広く，鋼，コンクリート，ガラス，木材などの接着に用いられるばかりではなく，コンクリートのひび割れの補修にも利用されている．

接着剤を分類すると表7.4に示すようになる．

表 7.4 接着剤の分類

分類	内容
溶解蒸発型接着剤	有機溶剤に溶解 　酢酸ビニル樹脂, ブチラール樹脂, ニトロセルロース, 　塩化酢ビ共重合体, アクリレート樹脂, 天然ゴム, 合成ゴム 水に溶解 　(天然物) でんぷん, カゼイン, にかわ, アラビアゴム 　(合成物) ポリビニルアルコール, メチルセルロース エマルジョン型 　酢酸ビニル樹脂, アクリレート樹脂, 合成・天然ゴム
感圧接着剤	天然ゴム, ポリイソブチレン, 酢酸ビニル樹脂可塑物, ポリビニルエーテル, アクリレート樹脂
感熱接着剤	酢酸ビニル樹脂, 塩化ビニル樹脂, 塩化ゴム, ポリエチレン, 天然樹脂
化学反応型樹脂接着剤	溶剤蒸発型 　尿素樹脂, メラミン樹脂, フェノール樹脂, レゾルミン樹脂, 　アルキド樹脂, フラン樹脂, イソシアネート樹脂 無溶剤型 　エポキシ樹脂, 不飽和ポリエステル樹脂, 　シアノアクリレート樹脂, ビニルモノマー

接着剤が具備していなければならない性質は次の通りである.

（i）接着剤が薄く, 使用量が少量であること.

（ii）劣化現象が少なく, 温度その他の気象条件によって接着剤の性質が変化しないこと.

（iii）硬化速度や粘性などが容易に調整できること.

（iv）接着剤の膨張収縮が小さく, かつ被接着剤と接着剤の物理的・機械的性質があまりかけ離れていないこと.

e. 塗膜剤

鋼の発錆, 腐食の防止, コンクリートのすりへり（キャビテーションを含む）, 中性化（炭酸化）, すべり防止, 凍結融解に対する抵抗性の増大, 酸性雨対策, 木材の吸湿防止などには, 高分子材料のコーチング（塗膜厚さ 1mm 以下）やライニング（塗膜厚さ 1mm 以上）が有効である.

コーチングやライニングは, 下地の処理, 塗装または補強材の貼付け, 仕上げの 3 工程に分けられ, 特に表面仕上げにおいては, 耐薬品性, 耐水性, 耐熱性, 耐摩耗性などが要求されるので, 熱硬化性樹脂の使用が望まれる.

f．プラスチックスコンクリート

高分子材料を結合材として使用したコンクリートを，プラスチックスコンクリートまたはポリマーコンクリートといい，大別すると次の3種類となる．

（ⅰ）ポリマーセメントコンクリート（モルタル）(polymer cement concrete(mortar)，POCC)　　細骨材や粗骨材を，セメントにポリマーを混合した結合材で結合したコンクリート（またはモルタル）で，ポリマーとしては，通常，ゴムラテックスまたは樹脂をエマルジョン化したものが用いられる．

（ⅱ）レジンコンクリート（resin concrete，REC）　　セメント系結合材のかわりに熱硬化性樹脂（通常，エポキシ樹脂や不飽和ポリエステル樹脂）を結合材としたコンクリートである．

（ⅲ）ポリマー含浸コンクリート（polymer impregnated concrete，PIC）
コンクリートやモルタルの空隙中の空気を追い出した後に，合成樹脂モノマーを含浸させ，加熱または放射線照射などによる重合操作を経てポリマーとし，コンクリートと一体化させたものである．

（ⅰ）および（ⅱ）は力学的性質を著しく改善するので耐食性構造材料としての，（ⅲ）は主として耐摩耗性，耐食性などの改善，さらには補修・補強材としての利用が図られている．

g．ゴ　ム

一般にゴムとは，ゴム樹から採取したゴムラテックスを，加硫剤その他薬品によって処理して物理的性質を改善したものである．

建設材料として使用されるゴムを大別すると，生ゴム，加硫ゴム，ゴム誘導体および合成ゴムの4種類となる．

建設工事において用いられるゴム製品は多数あるが，その主なものは，ホース，タイバット，セメントラテックス，接着剤，最近では防振材，緩衝材さらには免振材としての使用が考えられている．

7.4　新素材および補修材料

科学技術の進歩により，建設材料として従来にはなかった新しい材料が用いられるようになってきた．このような新素材・新材料は，既存の材料にはみられない優れた特性，さらには特殊な機能を有する材料である．建設構造材料に

用いられている新素材・新材料としては，各種の複合材料，繊維，高分子材料，高性能の混和材料，特殊な性能を有する金属材料などがあげられる．

一方，種々の原因で劣化した構造物の補修・補強は，現在きわめて重要な課題であり，そのための材料も多種多様である．

ここでは，こうした材料について概説する．

a. 代表的な新素材・新材料

建設用材料として用いられるようになった新素材に繊維がある．現在，コンクリート用補強材として注目されている繊維は，炭素繊維，アラミド繊維，ガラス繊維，ビニロン繊維，ボロン繊維などである．その特性を表7.5に示す．いずれの繊維も応力-ひずみ関係は破断に至るまで直線であり，引張強度はPC鋼材と同程度ないしはその数倍ある．

(1) 繊維の種類

(i) 炭素繊維　　1959年に米国で，レーヨンを原料としたものが初めて工業化された．その後，さまざまな原料による炭素繊維製造が検討されてきたが，現在ではピッチとPAN（ポリアクリルニトリル）の2種類の原料からつくられ，いずれも不完全な黒鉛微結晶の集合体からなる．PAN系炭素繊維には高強度・高弾性品が，ピッチ系には汎用品と高弾性品とがある．炭素繊維は

表 7.5　各種の繊維

諸元	炭素繊維				アラミド繊維		
	PAN系		ピッチ系		ケブラー49	トワロン	テクノーラ
	高張度品	高弾性品	汎用品	高弾性品			
引張強度 (kN/mm^2)	3.5	2.5〜4.0	0.78〜1.0	3.0〜3.5	2.8		3.5
ヤング係数 ($\times 10^4 N/mm^2$)	20〜24	35〜85	3.8〜4.0	40〜80	13		7.4
伸び (%)	1.3〜1.8	0.4〜0.8	2.1〜2.5	0.4〜1.5	2.3		4.6
密度 (g/cm^3)	1.7〜1.8	1.8〜2.0	1.6〜1.7	1.9〜2.1	1.45		1.39
直径 (μm)	5〜8		9〜16		12		12

（土木学会：コンクリートライブラリー**72**, p.43, 1994 および 辻 幸和：コンクリート工学, **32**

強くて軽いだけでなく，ヤング係数が大きく，破断ひずみが小さい．熱・電気の良導体で，熱膨張係数が小さく，耐熱性および耐薬品性に優れている．

（ii）アラミド繊維　アラミド繊維はベンゼン核をアミド結合により結んだ芳香族ポリアミド繊維の呼称で，1972年米国のデュポン社で開発された．アラミド繊維は，軽量高強度・耐疲労性・耐熱性に優れ，さらに一部の強酸を除いて耐薬品性にも優れているが，耐候性はあまりよくない．

（iii）ガラス繊維　ガラス繊維は，SiO_2を主成分とする原料を加熱炉に入れて溶融し，白金製の紡糸ノズルから数百～数千本のフィラメントを同時に高速で引き出し，急速に冷却固化させた後，バインダ（binder，収束剤）を吹き付けてストランドにされる．ガラス繊維は，原料の組成により種々のタイプのものがあるが，最も多いのがEガラス繊維と耐アルカリガラス繊維である．耐アルカリガラス繊維は，コンクリートのアルカリによる劣化を防止するために，酸化ジルコンZrO_2を多量に（17％前後）混入している．

（iv）ビニロン繊維　ビニロン繊維は，PVA（ポリビニルアルコール）を主体とする合成繊維の呼称で，この繊維の特徴は，PVAが水溶性であることから，セメントマトリックスとの付着がよいことである．また，耐薬品性や耐アルカリ性に優れている．

の特性

ガラス繊維		ポリビニルアルコール繊維	ボロン繊維	鋼繊維
Eガラス	耐アルカリガラス	高張力ビニロン		
3.5～3.8	1.8～3.5	2.3	3.43	0.4～2.0
7.4～7.5	7.0～7.6	6.1	39.2	20
4.8	2～3	5.0	—	2.20
1.39	2.27	1.30	2.6	7.8
8～12	8～12	14	100	200～700

(5)：76-82，1994に筆者のデータを追加)

（ⅴ）**ボロン繊維**　ボロン繊維は，太さ約 $10\mu m$ のタングステン心線の上にボロンを蒸着させて製造され，炭素繊維よりもヤング係数が大きく，現在注目されている素材である．

（2）利用方法と用途　繊維をモルタルやコンクリート用の補強材として利用する方法としては，①短繊維として，もしくは②連続繊維として用いる方法がある．

①の方法は，繊維を数 mm～数十 mm の長さに切断し，モルタルやコンクリートのマトリックス中に分散して用いるものである．これが繊維補強コンクリート（あるいは繊維補強モルタル）と呼ばれるもので，たとえば，炭素繊維を用いたものを炭素繊維補強コンクリートといい，コンクリートそのものの引張強度や曲げ強度，耐摩耗性，耐疲労性や耐衝撃性，じん性の改善，さらにはひび割れ制御などを目的として利用されている．

②の方法は，コンクリート用補強鋼材の代替品として，多数本の連続繊維を樹脂などの結合材で集束したもので，連続繊維補強材と称している．連続繊維補強剤に用いられている繊維は，（1）であげた(ⅰ)～(ⅳ)の繊維で，結合材としてはエポキシ樹脂，ビニルエステル樹脂が多く用いられている．補強材の形状に関しては，一次元棒材，二次元格子状，三次元織物などに分けられる．一次元の棒材の中には，平滑な丸棒の他に，コンクリートとの付着をよくするために，表面に繊維を巻きつけたり，ケイ砂を接着させたもの，あるいはより線や組紐状のものが含まれる．これら連続繊維の典型的な応力-ひずみ関係を図7.1に示す．

これらの新素材繊維は，原料となる材料によって性質が異なるが，腐食しない，軽量である，非磁性である，という共通の特性がある．さらに，現状では鉄筋や鋼繊維に比べて高価であり，材料の特徴を最大限に活かす利用法が考えられなければならない．新素材繊維の用途としては，

① 腐食しない → 塩害地区や水中あるいは海洋構造物，高耐久性構造物
② 軽量・高強度 → 長大吊り橋・斜長橋のケーブル，橋梁の外ケーブル，プレストレストコンクリート用緊張材，浮き構造物用の補強材
③ 非磁性 → リニアモーターカーの軌道桁，空港のコンパスチェックゾーン，OA フロアー，電波透過性カーテンウォールなどの補強材

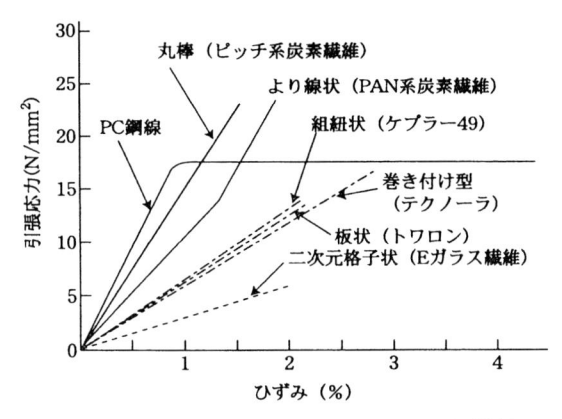

図 7.1 各種の連続繊維補強材の引張応力-ひずみ関係
(熊谷,関島:コンクリート工学,33(3):22, 1995)

なお,より最近では,シート状の連続繊維が開発され,大型建設機械が搬入できないような狭窄空間での補強や耐震補強材料として,シート状の連続繊維が多用されている.

b. 補修・補強法とその使用材料

資源循環型社会の構築や環境負荷低減の観点から,社会基盤としてのコンクリート構造物の高耐久化や,補修・補強をとおしての長寿命化が指向されている.表7.6に,コンクリート構造物に要求される性能とその性能に影響を及ぼす変状,およびその対策の概要を示す.

(1) **補修工法と補修材料** コンクリート構造物の補修に関しては,構造物の劣化要因を明らかにし,最適の補修法を選定することが不可避となる.図7.2に,現在実施されている補修工法をまとめて示す.

補修工法は,ひび割れ補修工法,断面修復工法,表面修復工法および電気化学的補修工法に大別され,以下の目的のもとに,構造物の変状の種類,劣化機構(中性化,塩害,凍害,アルカリ骨材反応,疲労,火災等),劣化の程度に応じて単独あるいはいくつかの工法を組み合わせて行われる.

① ひび割れや剝離といったコンクリート構造物の損傷を修復し,内部鉄筋の腐食やひび割れ周辺コンクリート部の劣化進行の抑制

② 塩化物イオンが侵入した,あるいは中性化したコンクリートの除去.

③ 有害物質の再侵入を遮断するための表面被覆

表 7.6 コンクリート構造物に求められる性能

性能	関係する変状等	求められる補修・補強後の性能または対策
耐久性	ひび割れ・浮き・剝離	雨水の侵入防止と中性化抑制効果の回復,およびコンクリート片の脱落防止
	中性化	中性化速度の低減処置と,鉄筋の防食対策
	塩害	劣化因子の遮断と鉄筋の防食対策
	アルカリシリカ反応	表面被覆等による劣化因子の遮断
	凍害	表面被覆等による凍結融解抵抗性の向上
	化学的腐食	腐食因子の除去と表面被覆
	ジャンカ	中性化抑制効果を回復し,鉄筋を腐食させない
	コールドジョイント	中性化抑制効果を回復し,鉄筋を腐食させない
安全性	震害	目標性能に応じた補強対策
	過大なひび割れ	ひび割れの補修と耐荷重性能の増大
	過大な変形	剛性の増大
	疲労	耐荷重性能の増大
	火災による劣化	劣化状況に応じた補強対策
居住性	すりへり	使用性回復と,耐摩耗性の回復
	たわみ・変形	居住感覚上,許容されるたわみ・変形量の回復
	振動	振動感覚上,許容できる範囲まで振動を抑制する
景観	さび汁	さび汁発生原因の除去と,仕上げ等による美観の回復
	汚れ(変色)	変色発生要因の除去と,仕上げ等による美観の回復
	砂すじ	健全なコンクリートと同等の表面に回復させる

(日本コンクリート工学協会編:コンクリート診断技術'05〔基礎編〕,p.231)

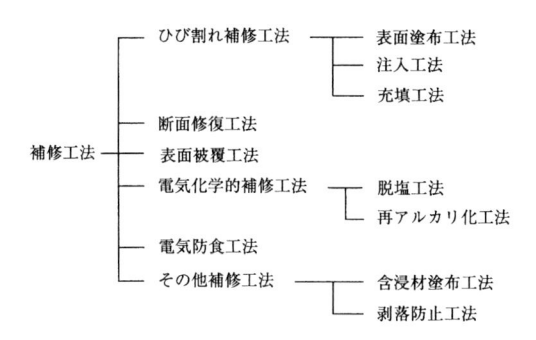

```
補修工法 ─┬─ ひび割れ補修工法 ─┬─ 表面塗布工法
         │                    ├─ 注入工法
         │                    └─ 充填工法
         ├─ 断面修復工法
         ├─ 表面被覆工法
         ├─ 電気化学的補修工法 ─┬─ 脱塩工法
         │                    └─ 再アルカリ化工法
         ├─ 電気防食工法
         └─ その他補修工法 ───┬─ 含浸材塗布工法
                              └─ 剥落防止工法
```

図7.2 おもな補修工法の種類
(日本コンクリート工学協会編：コンクリート診断技術'05〔基礎編〕，p.230)

表7.7 補修材料の種類

分 類	種 類
コンクリート躯体部処理材	塗布含浸材，ポリマー含浸材
鉄筋防錆処理材	ポリマーセメント系，合成樹脂系，錆転換塗料
断面修復材（パッチング材）	ポリマーセメントモルタル，ポリマーモルタル，セメントモルタルまたはコンクリート
下地調整・保護材	ポリマーセメントモルタル，ポリマーモルタル
仕上げ材（被覆材）	浸透性吸水防止剤，塗料，仕上塗料，塗膜防水材，成形品・プレキャスト製品
ひび割れ・浮き注入材	エポキシ樹脂系，ポリマーセメント系，シーリング材
その他の材料	ポリマー系接着材，補強材，電気防食用材料

(出村克宣：コンクリート工学，36(7)：56，1998)

④ コンクリート中の鋼材の不動態化ないしは塩化物量の低減
⑤ コンクリートのアルカリ性回復

表7.7に，ひび割れ補修工法を中心として，これらの補修に用いられている材料を一括して示す．新しい補修工法と新材料の開発は車の両輪で，今後，補修に対する要求性能の多様化に伴って在来材料に対してのより有効な利用法が考案され，一方で要求性能を満たす新材料が続々と開発されるものと思われる．

（2）補強工法と補強材料　補修が耐久性の回復・向上と第三者影響度（劣化した構造物の周囲において，剥落コンクリートなどが人および器物に与える傷害などの影響度合い）の除去または低減を目的とした対策であるのに対

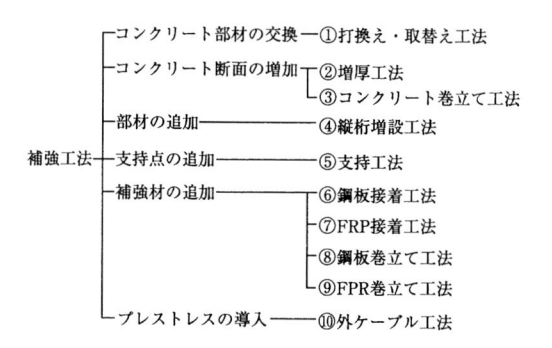

```
                  ┌─コンクリート部材の交換──①打換え・取替え工法
                  │                        ┌②増厚工法
                  ├─コンクリート断面の増加─┤
                  │                        └③コンクリート巻立て工法
                  ├─部材の追加──────────④縦桁増設工法
  補強工法────┤
                  ├─支持点の追加────────⑤支持工法
                  │                        ┌⑥鋼板接着工法
                  │                        ├⑦FRP接着工法
                  ├─補強材の追加──────┤
                  │                        ├⑧鋼板巻立て工法
                  │                        └⑨FPR巻立て工法
                  └─プレストレスの導入────⑩外ケーブル工法
```

図 7.3 補強工法の例
(日本コンクリート工学協会編:コンクリート診断技術'05〔基礎編〕, p. 229)

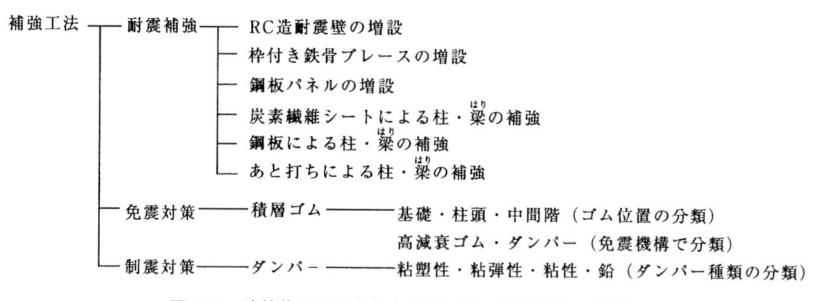

```
                      ┌─耐震補強─┬─RC造耐震壁の増設
                      │            ├─枠付き鉄骨ブレースの増設
                      │            ├─鋼板パネルの増設
                      │            ├─炭素繊維シートによる柱・梁の補強
                      │            ├─鋼板による柱・梁の補強
  補強工法────┤            └─あと打ちによる柱・梁の補強
                      │                        ┌─基礎・柱頭・中間階(ゴム位置の分類)
                      ├─免震対策──積層ゴム─┤
                      │                        └─高減衰ゴム・ダンパー(免震機構で分類)
                      └─制震対策──ダンパー──粘塑性・粘弾性・粘性・鉛(ダンパー種類の分類)
```

図 7.4 建築物を対象とした補強工法(耐震補強・対策)
(日本コンクリート工学協会編:コンクリート診断技術'05〔基礎編〕, p. 230)

して,補強は部材あるいは構造物の耐荷力や剛性,振動などの力学的な性能低下を回復あるいは向上させることを目的として行う対策である.土木構造物を対象として現在実施されている補強工法を図7.3,7.4に示す.補修と同様に,補強においても劣化要因や程度に応じた適切なものであることはもちろん,補強後の構造物の耐久性を考慮した工法や材料を選定することが重要である.

参 考 図 書

1) 岡田　清，明石外世樹，小柳　洽共編：土木材料学，国民科学社，1998
2) 川村満紀：土木材料学，森北出版，1996
3) 伊藤茂冨：新編コンクリート工学，森北出版，1972
4) 竹村和夫，戸川一夫，笠原　篤，庄谷征美：建設材料，森北出版，1998
5) 日本コンクリート工学協会編：コンクリート技術の要点'96，1996
6) 土木学会編：コンクリート標準示方書（平成8年制定），1996
7) 日本規格協会編：JISハンドブック土木，1997

付表——単位の換算率表

基 本 単 位

長　さ	メートル	m	熱力学温度	ケルビン	K
質　量	キログラム	kg	物　質　量	モル	mol
時　間	秒	s	光　　度	カンデラ	cd
電　流	アンペア	A			

SI 接 頭 語

10^{12}	テラ	T	10^{-2}	センチ	c
10^{9}	ギガ	G	10^{-3}	ミリ	m
10^{6}	メガ	M	10^{-6}	マイクロ	μ
10^{3}	キロ	k	10^{-9}	ナノ	n
10^{2}	ヘクト	h	10^{-12}	ピコ	p
10^{1}	デカ	da	10^{-15}	フェムト	f
10^{-1}	デシ	d	10^{-18}	アト	a

SI，CGS 系および重力系単位の対照表

量 \ 単位系	長さ L	質量 M	時間 T	加速度	力	応力	圧力	エネルギー	仕事率	温度
SI	m	kg	s	m/s²	N	Pa または N/m²	Pa	J	W	K
CGS 系	cm	g	s	Gal	dyn	dyn/cm²	dyn/cm²	erg	erg/s	°C
重力系	m	kgf·s²/m	s	m/s²	kgf	kgf/m²	kgf/m²	kgf·m	kgf·m/s	°C

SI 単位への換算

量	単位の名称	記号	SI への換算率	SI 単位の名称	記号
角度	度 分 秒	° ′ ″	$\pi/180$ $\pi/1.08\times10^4$ $\pi/6.48\times10^5$	ラジアン	rad
長さ	メートル オングストローム X線単位 フェルミ	m Å X-unit Fermi	1 10^{-10} $\approx 1.00208\times10^{-13}$ 10^{-15}	メートル	m
面積	平方メートル アール	m^2 a	1 10^2	平方メートル	m^2
体積	立方メートル リットル	m^3 l	1 10^{-3}	立方メートル	m^3
質量	キログラム トン 原子質量単位	kg t u	1 10^3 $\approx 1.66057\times10^{-27}$	キログラム	kg
時間	秒 分 時 日	s min h d	1 60 3600 86400	秒	s
速さ	メートル毎秒 ノット	m/s kn	1 1852/3600	メートル毎秒	m/s
周波数および振動数	サイクル	s^{-1}	1	ヘルツ	Hz
回転数	回毎分	rpm	1/60		
角速度	ラジアン毎秒	rad/s	1	ラジアン毎秒	rad/s
加速度	メートル毎秒毎秒 ジー	m/s^2 G	1 9.80665	メートル毎秒毎秒	m/s^2
力	重量キログラム 重量トン ダイン	kgf tf dyn	9.80665 9806.65 10^{-5}	ニュートン	N
力のモーメント	重量キログラムメートル	kgf·m	9.80665	ニュートンメートル	N·m
応力	重量キログラム毎平方メートル 重量キログラム毎平方センチメートル 重量キログラム毎平方ミリメートル	kgf/m^2 kgf/cm^2 kgf/mm^2	9.80665 9.80665×10^4 9.80665×10^6	パスカルまたはニュートン毎平方メートル	Pa または N/m^2

(つづき)

量	単位	記号	換算値	SI単位	SI記号
圧 力	重量キログラム毎平方メートル	kgf/m²	9.80665	パスカル	Pa
	水柱メートル	mH₂O	9806.65		
	重量水銀柱ミリメートル	mmHg	101325/760		
	トル	Torr	101325/760		
	気圧	atm	101325		
	バール	bar	10⁵		
エネルギー	エルグ	erg	10^{-7}	ジュール	J
	カロリー	cal	4.18665		
	重量キログラムメートル	kgf·m	9.80665		
	キロワット時	kW·h	3.600×10^{6}		
	仏馬力時	PS·h	$\approx 2.64779 \times 10^{5}$		
	電子ボルト	eV	$\approx 1.60219 \times 10^{-19}$		
仕事率および動力	ワット	W	1	ワット	W
	仏馬力	PS	735.5		
	キロカロリー毎時	khal/h	1.1630		
粘度および粘性係数	ポアズ	P	10^{-1}	パスカル秒	Pa·s
	センチポアズ	cP	10^{-3}		
	重量キログラム秒毎平方メートル	kgf·s/m²	9.80665		
動粘度および動粘性係数	ストークス	St	10^{-4}	平方メートル毎秒	m²/s
	センチストークス	cSt	10^{-6}		
温度	度	℃	+273.15	ケルビン	K
放射能	キュリー	Ci	3.7×10^{10}	ベクレル	Bq
照射線量	レントゲン	R	2.58×10^{-4}	クーロン毎キログラム	C/kg
吸収線量	ラド	rd	10^{-2}	グレイ	Gy
磁束	マクスウェル	Mx	10^{-8}	ウェーバー	Wb
磁束密度	ガンマ	γ	10^{-9}	テスラ	T
	ガウス	Gs	10^{-4}		
磁界の強さ	エルステッド	Oe	$10^{3}/4\pi$	アンペア毎メートル	A/m
電気量	クーロン	C	1	クーロン	C
電位差	ボルト	V	1	ボルト	V
静電容量	ファラド	F	1	ファラド	F
電気抵抗	オーム	Ω	1	オーム	Ω
コンダクタンス	ジーメンス	S	1	ジーメンス	S
インダクタンス	ヘンリー	H	1	ヘンリー	H
電流	アンペア	A	1	アンペア	A

索　引

ア　行

アスファルト　125
アスファルト混合物　128
圧縮強度　2,90
アラミド繊維　137
アルカリ骨材反応　62,110
アルカリシリカ反応　110
RCDコンクリート　119
α鉄　15
アルミナセメント　39
アルミネート相　33
安定性　44

異形棒鋼　23
一般構造用圧延鋼材　21
引火点　128

上底吹き転炉　13

海砂　64

永久ひずみ　4
AE減水剤　49
AE剤　49,117
エココンクリート　119
エコセメント　40
エコマテリアル　119
$\bar{x}$-R管理図　123
エトリンガイト　109
FRP（強化プラスチックス）　132
エマルジョン系(乳剤系)樹脂　132
エーライト　33
塩害　112
塩化物イオン　111
エントラップドエア　117
エントレインドエア　117

応力　4

応力緩和　3
応力-ひずみ曲線　18,97
応力-ひずみ線図　4
オーステナイト　16

カ　行

加圧高温養生　115
回復性のクリープひずみ　101
外部拘束　105
化学的結合水　100
硬さ　7,18
割線弾性係数　99
カットバックアスファルト　129
割裂引張試験法　94
ガラス繊維　137
感温性　127
環境負荷低減型のエココンクリート　120
還元　11
乾燥収縮　36,99,105
乾燥収縮予測式　103
γ鉄　15
管理限界線　123
管理図　123

気乾密度　56
亀甲状のひびわれ　110
キャッピング　94
キャビテーション　109
キャピラリー水　100
急結剤　50
吸水率　55
強化プラスチックス（FRP）　132
凝結　35
凝結時間　44
強度　2
共鳴振動法（ソニック法）　114

極限強さ　5
空気中乾燥状態（気乾）　55
空隙率　59
クリープ　3,100
クリープ限度　3
クリープ破壊　3
クリープ予測式　102
クリンカー　33

ゲル水　100
減水剤　49
現場配合　89

鋼　9
　──の硬さ　18
　──の強さ　19
　──の伸び　19
　──の五元素　10
鉱滓　11
剛性　7
高性能減水剤　50
構造主体材料　2
構造用鋼材　21
高ビーライト系セメント　38
降伏点　5
高分子材料　130
高流動コンクリート　118
高炉スラグ細骨材　64
高炉スラグ粗骨材　64
高炉スラグ微粉末　48,117
高炉セメント　38
骨材　53
　──の耐久性　54
ゴム　135
コンクリート　69
混合セメント　38
コンシステンシー　71
混和材　46
混和剤　49
混和材料　46

サ 行

細骨材 53, 69
細骨材率 84
砕砂 63
再生骨材 66
砕石 63
材齢 93
残留ひずみ 98

試験練り 84
自己収縮 99
自己充てんコンクリート 118
沈みひび割れ 73
湿潤状態 55
湿潤養生 92
実績率 59
始発 35
シーページ効果 101
示方配合 84
締固め係数試験 74
終結 35
収縮 99
修正配合 87
シュミットハンマー 113
衝撃強度 2
条鋼 23
初期接線弾性係数 99
シリカセメント 39
シリカフューム 48, 116
人工軽量骨材 65
人工材料 1
人工ポゾラン 46
じん性 7
じん性材料 18
伸度 127
振動式コンシステンシー試験 75
針入度 127
針入度指数 127

水中不分離性コンクリート 119
水密性 110
水和反応 34
ステンレス鋼 27
ストレートアスファルト 126

スラグ 11
スラグ骨材 64
スラグ微粉末 72
スランプ試験 74
すりへり 109

正規分布 122
製鋼 9
製鋼過程 11
製鋼法 12
ぜい性 7, 19
製銑 9, 11
静弾性係数 98
静の強度 2
生物対応型のエココンクリート 120
精錬 12
赤熱ぜい性 19
石油アスファルト 126
絶乾密度 56
設計基準強度 80
接線弾性係数 99
絶対乾燥状態（絶乾） 55
接着剤 133
セミブローンアスファルト 126
セメンタイト 16
セメント 31, 69
——の強さ 44
——の密度 41
セメントペースト 69
セメント水比 91
セメント水比説 91
潜在水硬性 38
せん断強度 2, 96
せん断弾性係数 6

早強ポルトランドセメント 37
増粘剤 51
促進剤 50
粗骨材 53, 69
粗骨材最大寸法 59, 76
塑性 4
塑性ひずみ 4
粗粒率 57

タ 行

耐久性 7, 82, 103

耐久性指数 106
体心立方格子 15
耐凍害性 82
耐硫酸塩性 109
耐硫酸塩ポルトランドセメント 38
単位容積質量 7
炭酸化収縮 99
弾性 4
弾性係数 6, 98
弾性限度 4
弾性ひずみ 98
炭素鋼 9
炭素繊維 136
炭素当量 22

遅延剤 50
遅延弾性 101
中性化 106
中庸熱ポルトランドセメント 37
超強度鋼 26
超早強ポルトランドセメント 37
超速硬セメント 39
直接引張試験 94
沈下ひび割れ 70

低温ぜい性 20
低熱ポルトランドセメント 38
Davis‐Glauville の法則 102
転圧コンクリート舗装 119
電気化学的防食工法 28
天然アスファルト 126
天然材料 1
転炉 13

統計学的品質管理 122
凍結融解作用 106
動弾性係数 115
特殊鋼 10
塗膜剤 134
トレミー工法 119

ナ 行

内部拘束 105
軟化点 127

索　引

二次精錬　13
200万回疲労強度　97

ねじり強度　2
熱拡散係数　7
熱処理　17
熱伝導率　7
熱膨張係数　7

ハ　行

配合　76
配合強度　80
パーライト　17

非回復性のクリープひずみ　101
PC鋼線　24
PC鋼より線　24
PC棒鋼　24
比重　7
ひずみ　4
ひずみ硬化　5
引張強度　2,94
ビニロン繊維　137
比熱　7
非破壊試験　113
ひび割れ　104,105,107
表乾密度　56
標準偏差　122
表面乾燥飽水状態（表乾）　55,84
表面硬度法　114
表面水率　56
ビーライト　33
比例限度　4
疲労強度　2,97
疲労限度　3,97
品質管理　80

フィニッシャビリティー　71
風化　36
フェライト　16
フェライト相　33
フェロニッケルスラグ細骨材　65
部材最小寸法　77
普通ポルトランドセメント　37
フックの法則　6
フライアッシュ　46,72,115
フライアッシュセメント　39
プラスチック収縮　99
プラスチックス　130
プラスチックスコンクリート　135
プラスティシティー　71
ブリーディング　72
プレストレストコンクリート　3
フレッシュコンクリート　70
プレパックドコンクリート工法　119
ブローンアスファルト　126
粉末度　44
分離　72
分離低減剤　51

平均値　123
平衡状態図　16
変態　15
変動係数　81,123

ポアソン効果　6
ポアソン数　6
ポアソン比　6
防せい剤　51
防食処理　29
膨張材　48
膨張セメント　39
補強工法　141
補強用材料　141
母集団　122
補修工法　139
補修用材料　139
ポゾラン　39
ポルトランドセメント　31,36

———の製造　32
———の組成　33
ボロン繊維　138

マ　行

曲げ強度　2,95
マチュリティ　93

水セメント比　80,91
水セメント比説　91
密度　7

面心立方格子　15

モルタル　69

ヤ　行

ヤング係数　6

遊離水　100

養生　91
溶接構造用圧延鋼材　22
溶接構造用耐候性鋼材　22
溶接性　22
呼び強度　82,114

ラ　行

粒度　57
流動化剤　117

レイタンス　73
0.2％オフセット点　5
劣化　7
レディーミクストコンクリート　81,112
連続鋳造　14

ロータリーキルン　33

ワ　行

ワーカビリティー　71
割増し係数　80

編著者・著者略歴

西林　新蔵（にしばやし　しんぞう）
- 1932年　和歌山県に生まれる
- 1959年　京都大学大学院工学研究科
　　　　　土木工学専攻修士課程修了
- 現　在　鳥取大学名誉教授
　　　　　工学博士

阪田　憲次（さかた　けんじ）
- 1943年　中華人民共和国に生まれる
- 1969年　京都大学大学院工学研究科
　　　　　土木工学専攻修士課程修了
- 現　在　岡山大学大学院環境学研究
　　　　　科教授
　　　　　工学博士

矢村　潔（やむら　きよし）
- 1943年　大阪府に生まれる
- 1969年　京都大学大学院工学研究科
　　　　　土木工学専攻修士課程修了
- 現　在　摂南大学工学部教授
　　　　　工学博士

井上　正一（いのうえ　しょういち）
- 1948年　兵庫県に生まれる
- 1974年　岐阜大学大学院工学研究科
　　　　　土木工学専攻修士課程修了
- 現　在　鳥取大学工学部教授
　　　　　工学博士

エース土木工学シリーズ
エース　建設構造材料［改訂新版］　　定価はカバーに表示

1999年4月20日　初　版第1刷
2005年5月10日　　　　第6刷
2007年3月20日　改訂新版第1刷
2018年2月25日　　　　第10刷

編著者　西　林　新　蔵
発行者　朝　倉　誠　造
発行所　株式会社　朝　倉　書　店
　　　　東京都新宿区新小川町6-29
　　　　郵便番号　162-8707
　　　　電　話　03(3260)0141
　　　　FAX　03(3260)0180
　　　　http://www.asakura.co.jp

〈検印省略〉

© 2007〈無断複写・転載を禁ず〉　　新日本印刷・渡辺製本

ISBN 978-4-254-26479-1　C 3351　　Printed in Japan

JCOPY　<(社)出版者著作権管理機構　委託出版物>

本書の無断複写は著作権法上での例外を除き禁じられています．複写される場合は，そのつど事前に，(社)出版者著作権管理機構（電話 03-3513-6969，FAX 03-3513-6979，e-mail: info@jcopy.or.jp）の許諾を得てください．

好評の事典・辞典・ハンドブック

物理データ事典	日本物理学会 編	B5判 600頁
現代物理学ハンドブック	鈴木増雄ほか 訳	A5判 448頁
物理学大事典	鈴木増雄ほか 編	B5判 896頁
統計物理学ハンドブック	鈴木増雄ほか 訳	A5判 608頁
素粒子物理学ハンドブック	山田作衛ほか 編	A5判 688頁
超伝導ハンドブック	福山秀敏ほか 編	A5判 328頁
化学測定の事典	梅澤喜夫 編	A5判 352頁
炭素の事典	伊与田正彦ほか 編	A5判 660頁
元素大百科事典	渡辺 正 監訳	B5判 712頁
ガラスの百科事典	作花済夫ほか 編	A5判 696頁
セラミックスの事典	山村 博ほか 監修	A5判 496頁
高分子分析ハンドブック	高分子分析研究懇談会 編	B5判 1268頁
エネルギーの事典	日本エネルギー学会 編	B5判 768頁
モータの事典	曽根 悟ほか 編	B5判 520頁
電子物性・材料の事典	森泉豊栄ほか 編	A5判 696頁
電子材料ハンドブック	木村忠正ほか 編	B5判 1012頁
計算力学ハンドブック	矢川元基ほか 編	B5判 680頁
コンクリート工学ハンドブック	小柳 洽ほか 編	B5判 1536頁
測量工学ハンドブック	村井俊治 編	B5判 544頁
建築設備ハンドブック	紀谷文樹ほか 編	B5判 948頁
建築大百科事典	長澤 泰ほか 編	B5判 720頁

価格・概要等は小社ホームページをご覧ください．